写给孩子的中国古代科技简史

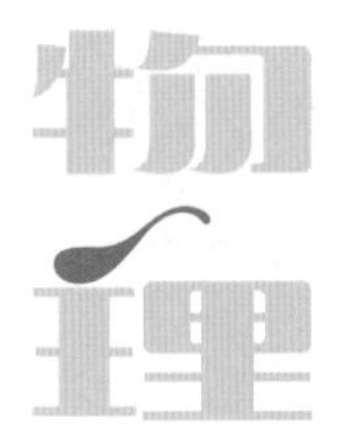

韩毅　史晓雷　主编

王洪鹏　白欣　韦中燊　著

中国少年儿童新闻出版总社
中国少年儿童出版社

北京

图书在版编目（CIP）数据

物理 / 王洪鹏，白欣，韦中燊著. -- 北京 : 中国少年儿童出版社，2021.12
（写给孩子的中国古代科技简史）
ISBN 978-7-5148-7124-1

Ⅰ. ①物… Ⅱ. ①王… ②白… ③韦… Ⅲ. ①物理学史－中国－古代－青少年读物 Ⅳ. ①04-092

中国版本图书馆CIP数据核字(2021)第253320号

WU LI
（写给孩子的中国古代科技简史）

出版发行： 中国少年儿童新闻出版总社 中国少年儿童出版社
出 版 人： 孙 柱
执行出版人： 马兴民

著　　者： 王洪鹏　白　欣　韦中燊　　**封面设计：** 高　煜
责任编辑： 张云兵　　**绘　　画：** 朱玉平 朱国兴
责任校对： 杨　雪
版式设计： 北京光大印艺文化发展有限公司　　**责任印务：** 厉　静

社　　址： 北京市朝阳区建国门外大街丙12号　　**邮政编码：** 100022
编 辑 部： 010-57526268　　**总 编 室：** 010-57526070
官方网址： www. ccppg. cn　　**发 行 部：** 010-57526568

印刷： 三河市中晟雅豪印务有限公司

开本： 720mm×1000mm　1/16　　**印张：** 10
版次： 2022年1月第1版　　**印次：** 2022年1月河北第1次印刷
字数： 136千字　　**印数：** 7500册

ISBN 978-7-5148-7124-1　　**定价：** 50.00元

图书出版质量投诉电话 010-57526069，电子邮箱：cbzlts@ccppg.com.cn

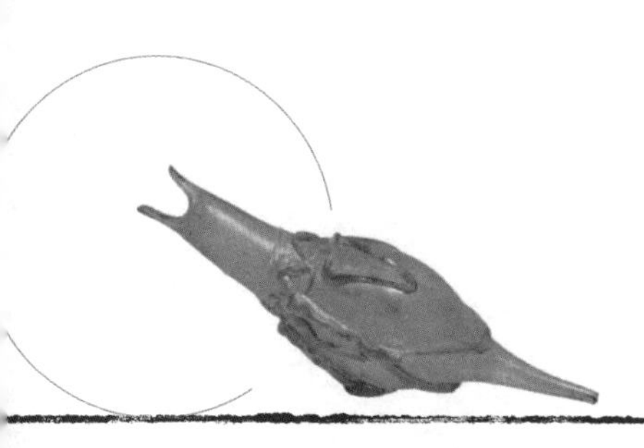

前言

中国是世界四大文明古国之一，除在文学、艺术等领域留下丰富的文化遗产以外，古人在科技领域也充分展现了自己的智慧与才华。中国古代物理学史就记载了先民揭开物理世界奥秘令人兴奋的探索过程，包含了丰富的科学思想，同时也为我们积累了丰富的认识世界和科学研究的成果与方法。

中国古代物理学的发展历史悠久，在很多方面都有不少领先世界的发现和记载，做出过世界范围的贡献，甚至古代先贤一些富有哲理性的精辟论述，在现代物理学的发展中也引起了巨大的反响。在漫长的发展过程中，中国古代物理学产生了许多重要的物理思想。就物质观来说，古人提出了五行说、阴阳说、元气说和原子说；老子、庄子和墨子等人都进行过时空理论的探究，就时空的性质，以及时间与空间的联系提出了独到的见解；在声学研究中，古人提出了以元气说为基础的波动思想。

中国古代物理学的研究方法同样很先进，比较有名的有墨家关于力学和光学的实验研究，沈括关于磁学和声学的实验研究，赵友钦的光学实验研究，特别是朱载堉关于音律理论的实验研究，都取得了较为突出的成果。朱载堉“不爱王位爱科学”，被英国著名科学技术史专家李约瑟先生称为“东方文艺复兴式的圣人”，并被联合国教科文组织授予“世界历史文化名人”称号。朱载堉使用算盘把2开12次方，创建了十二等程律，解决了2000多年来困扰中国乐律学界的转调问题。在一定意义上说，没有朱载堉的贡献，就很难有现代钢琴的诞生。本书通过对中国古代文献的梳理，介绍了中国古代物理学中的力、热、声、光、电、磁等知识，内容包括古人对物理现象的记录和研究，物理规律的发现与利用，以及一些富有丰富科技内涵的发明创造等。本书注重引用第一手资料和吸收学术界的最新研究成果。比如，在对司南的介绍中，引用了中科院自然科学史研究所最新研究成果，介绍了使用天然磁石制作出的能够准

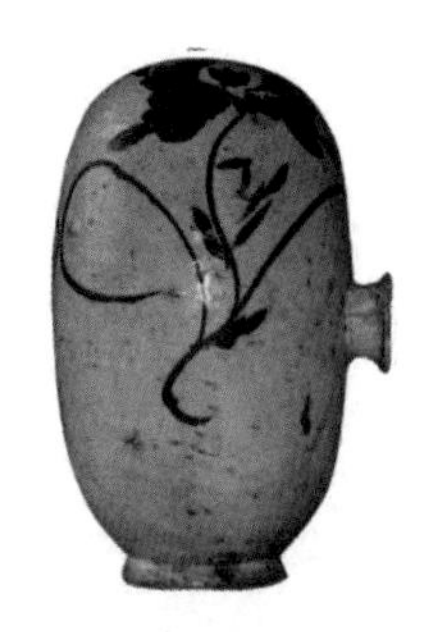

确指南的磁石勺。

物理学史体现了人类探索和逐步认识物理世界的现象、结构、特性、规律和本质的历程，包含着深刻的物理思想和观念的变革，以及物理学家的思索、创造、艰辛与悲欢。中国古代物理学史有其自身的特点，中国古代学者注重从整体上把握对自然的认识，他们对自然界的观察多侧重于整体上的把握和直觉上的猜测，以及内心的体会。在科技水平较低的时期，物理学知识的积累与解决各种生产和生活中的实际问题是同步发展的，这就使中国古代物理学带有浓厚的经验色彩和实用色彩。由于受传统价值观念的影响，中国古代物理学史有较强的技术史特点，与先人的人伦日用捆绑，虽然不断提高，却难见一脉相承的阶梯，并在近代以来不断走向衰落。

中国先民所掌握的绝大多数物理知识，都来源于劳动和生活实践，有很多超前于西方的科学发明，散落在诸子百家的经典著作以及个人社会实践总结之中，虽然浩若星汉却不易拾掇。中国古代这些领先的科技成就，很多还是李约瑟等国际友人发掘出来并证明于世的。中国物理学史学科创建者戴念祖先生曾感慨“自叹吾老矣，有俟来者”。真心希望能如戴念祖先生所愿，中国科学史研究后继有人，科学史研究者能青胜于蓝。

本书客观反映了科学探索的真实过程，使青少年明白科学技术的每一门学科的发展都不是一蹴而就的，而是汇集了诸多方面的成果，经过点点滴滴的积累之后才形成的。只有经过数十年、数百年，乃至上千年的艰苦探索，才会有意义重大的发现、发明或创造。现存的事物是历史发展出来的，历史不但决定现在，也会影响到未来。青少年学子需要培养自己的历史意识，要认识到历史意识有助于一个人养成良好的思维习惯，使人自觉地用历史的眼光看问题，变得更宽容、睿智，更善于理解社会和现实，更善于与他人相处，这与素质教育的目标是一致的。

《写给孩子的中国古代科技简史》展现了科学和人文的完美融合，填补了科学教育和人文教育的鸿沟，阅读本套书能够发展孩子独立思考的能力和勇于质疑的科学精神，培养想象力的同时增强判断力，对培养孩子的社会责任感和历史使命感都有重要意义。

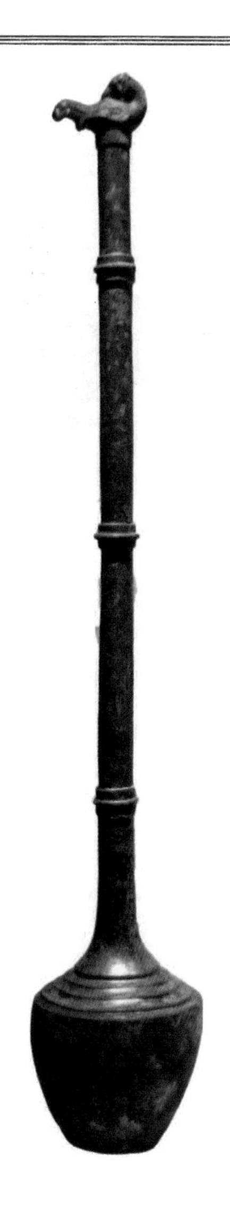

目录

第一篇 力 学

第二篇 声 学

第三篇 光 学

第四篇 电磁学与热学

附 录

第一篇

力学

力学是研究宏观物体机械运动规律的科学。在人类研究力学的历史过程中，特别是在古代力学发展过程中，我国古代科学家做出了重大的贡献。我国古代力学内容丰富，对时间、空间、运动和力等一些力学概念都做了描述；对静力平衡问题和杠杆原理等一些力学现象也做了研究；此外，还制作了公道杯、陀螺等器物。可惜的是，我国古代力学大部分都是对经验现象的描述，缺少精确实验和严密的数学推导。

1. 古人眼中的“力”

现代物理学认为，力是物体与物体之间的相互作用，它既可以改变物体的形状，也可以改变物体运动的状态。人们关于力的认识，是逐步深化的，毕竟科学的进步需要经历一个漫长的发展过程。但是，中国古人对力及相关知识的深入研究与思考对今天的我们来说是很有价值的。

我们的祖先创造“力”这个字是非常早的，在3000多年前的殷商时期，甲骨文中就使用了这个字。甲骨文中的“力”字写作，像一个尖形的东西，很可能是用来翻土的一种用具。古人将一根削成尖状的木棒插入土中，用它把土翻起来。在翻土时，这个动作是需要耗费人的体力的。所以，甲骨文中的“力”字的造型，是古人所提出的最早的力的概念，但在当时的认识水平上，力就是指体力。

东汉文字学家许慎在《说文解字》中解释“力”字时指出：“力，筋也，象力筋之形。”许慎将力和人体肌肉的运动结合在了一起，他认为，“力”字的象形是人或畜的筋（肌肉）的紧张。所以，造出“力”字的人应该有用力的体会，“力”的字形才会如此形象。

墨子是中国古代伟大的思想家、教育家、科学家、军事家和社会活动家，他创立的墨家学派是中华民族优秀文化的重要代表之一。墨子是先秦诸子中唯一的自然科学家，他在力学、数学、几何学、光学和声学等领域都取得了辉煌的成就。他是将劳动者的手工技巧升华为科学理论的启蒙者，表现了中国人崇尚科学、以人为本的精神。2016年8月16日1时40分，命名为“墨子号”的世界首颗量子科学实验卫星在酒泉卫星发射中心成功发射，既是向我国自然科学先驱墨子致敬，也表明了科学家们对这颗量子科学卫星的期望。

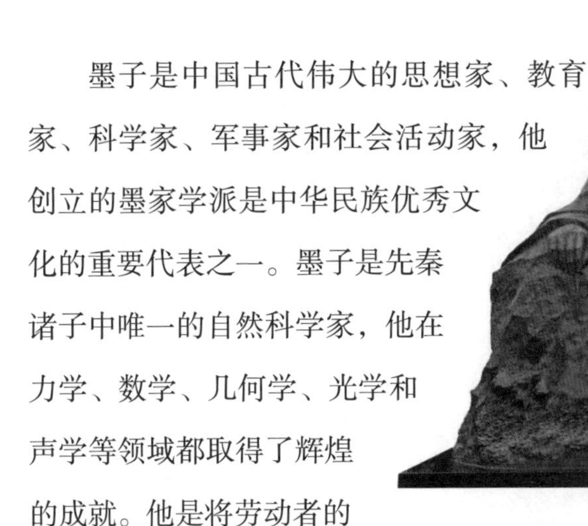

◎ 墨子像（墨子纪念馆提供）

墨家学者在《墨子》中对力的论证也是借助了体力的比喻，认为力就是体力。这也说明，用体力解释“力”似乎更加直观。

《论衡·效力篇》是古代有关力的一篇非常好的论文，由东汉思想家王充所著。在文章中，王充将自然现象的观察叙述和哲学思想、伦理道德的论证紧密结合、相互贯通，并集中对力做了许多有趣的论述。在这篇文章中，渗透着这样一种认识：当力相当于或大于物体重量时，力就能把物体举起；相反，当力小于物体重量时，力就不能举起重物。他还说：“人有知学，则有力矣。”王充有关“知学”与“力”的表述很简洁。从这个意义上说，“知识就是力量”的说法最早是王充提出的。

2. 巧用重心的欹器

古人的科技智慧大都渗透在日常生产和生活中，在平凡事物中闪耀着科学的光辉。

物体由于地球的吸引而受到的力叫重力，可以认为物体各部分所受的重力作用是集中在一点的，这一点就被称为物体的重心。重心的位置直接影响着物体能不能稳定地保持在一个地方。

在古人的认识中，并没有明确的重心概念，但是他们对重心的应用，却让人拍手叫绝。

尖底瓶是6000多年前陶工制造出来的一种物品，可以用来取水，但大多数情况下是作为一种礼器存在的。这种礼器，古人在祈雨（求雨）、祭祀和庆典等礼仪活动中用作供奉的物品。

在用尖底瓶取水的时候，就涉及对“重心”的巧妙利用。正因为灵活地改变了尖底瓶的“重心”，才使得尖底瓶在取水的过程中有了意想不到的表现。

◎ 西安半坡博物馆尖底瓶

尖底瓶的样式如图所示，小口细颈、体形修长、腹部圆鼓、尖底，腹部两侧各有一个环形耳。瓶子不用时，可用绳子穿过双孔将它悬挂起来。取水的时候，可提着瓶子放到水里。由于瓶底是尖的，所以瓶子入水很容易。又由于尖底瓶的特殊样式，空着的时候重心偏上，入水之后，就会自动向一侧倾斜过去，让水流进瓶口。等到水装得差不多时，整个瓶子的重心又会下移，使得瓶子恢复直立的状态。在搬运的过程中，又因为瓶口很小的缘故，水不会轻易地从瓶子里面洒出来。

可见，尖底瓶是利用装入水的量来调节重心，进而调节平衡的。其实，装水之后，如果所装的水量适中，尖底瓶就能够保持直立状态。但是，如果水装多了，瓶子就会再次倾倒。因为在装水过多的情况下，尖底瓶的重心又上移了，尖底瓶就难以保持平衡了。用尖底瓶装水的过程，充分地体现了古人经过长期摸索，对物体的受力和平衡现象已经有了初步的认识和应用。

据考古发现，尖底瓶在我国的分布范围还是十分广泛的：西至甘肃和青海地区，东至河南腹地，南及湖北汉水中游，北达内蒙古中南部、山西北部、河北西北部地区。另外，由于器形奇特，尖底瓶也成为仰韶（sháo）文化最为典型的陶器之一。

“欹器”最初是古人用来打水的器皿，上述尖底瓶应算是欹器的一种。“欹”在这里读“qī”，语意与“攲（qī）”相同，意思是“倾斜，侧歪”，“欹器”也可写作“攲器”。

荀子是战国末期儒家代表人物，他在《荀子》中记录了孔子观欹器论道德的故事。孔子在鲁桓（huán）公的庙里看到欹器，他向守庙人请教“此谓何器”，并让弟子实际操作欹器的用法，发现欹器空着的时候倾斜着，装了一半水的时候正立起来，装满水的时候会再次倾斜使水流出去。于是，他通过“虚则欹，中则正，满则覆”的物理现象，总结出

“谦受益，满招损”，告诉世人谦虚能够得到益处，自满会招来损失的人生哲理。

在孔子之后，许多人都非常看重欹器，将欹器看作正心、修身、齐家、治国、平天下的警诫之物。甲骨文中的“卿”字，就表现着宰相与君主共同守着欹器的形象。而在鲁国，君主也将欹器作为圣器放在庙中祭祀。齐桓公座位右边也放着欹器，用以警诫自己。

东汉末年，战乱不已，欹器逐渐从人们的视野中消失。中国历朝历代很多能工巧匠都希望通过复原欹器来显示自己的技艺。西晋的杜预、南北朝时期的祖冲之、隋代的耿询、唐代的马待封等都成功复原出了欹器，但都没能流传下来。

1965年，北燕宰相冯素弗的墓中出土了一件鸭形玻璃注，让我们见

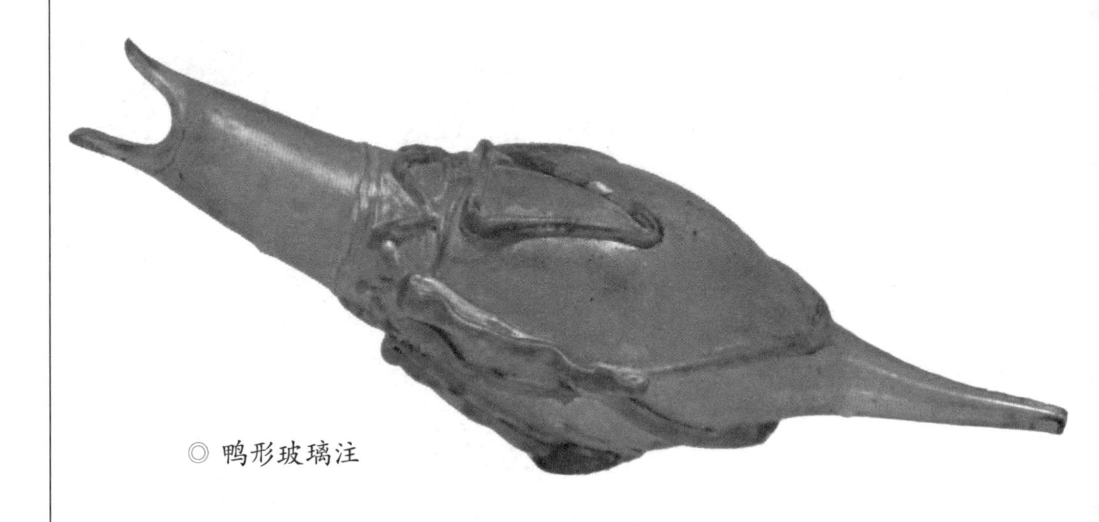

◎ 鸭形玻璃注

到了1600多年前的欹器。这种鸭形玻璃注只有腹部充水至一半时，才能够放稳。

我国古人还将重心用到另一件很有意思的物件上，那就是“不倒翁”。现代被称为“不倒翁”的玩具，在唐朝被称为“酒胡子”，当时

被用作劝酒器。“酒胡子”是用木头刻成的人形玩偶，上部细，下部粗。饮酒时，人们围桌而坐，把“酒胡子”放在盘子里并置于桌子之上，由年长者用手使之旋转，当停下来时，“酒胡子”的手指指向谁，谁就要饮酒。然后由饮酒者接着转动，如此往复，直到尽兴为止。

上轻下重的物体比较稳定，也就是说重心越低越稳定。当不倒翁在竖立状态处于平衡时，重心和桌面距离最近，即重心最低。偏离平衡位置后，重心随之升高，不倒翁会向着重心最低的状态摇摆，并最终停止在重心最低的位置，即竖立状态。所以不倒翁无论如何摇摆，总是不会倒的。

最常见的不倒翁大都是纸身、泥底，即用纸浆灌模或用废纸粘糊成形，然后用泥土制成半圆形的底座，将二者黏合好之后，再在外表糊上净纸，施以彩绘而成；也有的不倒翁用木头做底，底部中心固定上铁块和小石子；还有用小葫芦挖净内瓤，内部灌铅制作而成的“葫芦”不倒翁；今天还有用鸡蛋壳、旧乒乓球制作而成的小不倒翁。这些不同材质的不倒翁都有共同的特点：壳体的上半身为空心、下半身是一个实心的半球体，底部多为圆形。这些特点使它们具有了一致的基本力学结构，都能达到不断摇晃而“不倒”的效果。

3. 世界上最早的液体浓度测量仪

提到浮力，人们往往首先会想到古希腊著名的科学家和数学家阿基米德，传说他在洗澡时发现了浮力定律。其实，我国古代学者和匠人对浮力的认识和应用也有着悠久的历史，并积累了非常丰富的知识。

关于浮体规律的认识最早出现在2000多年前的典籍《庄子》中：

如果水不是很多的话，就没有能力去浮起大的船。如果把一杯水倒在地面上的凹坑里，只能把草籽当作船放在里面浮起来，如果把杯子放到里面，杯子就直接粘到地面上了，原因就是水太浅了，而杯子太大了。

古人知道要想浮起相应的物体，就必须要有相应的水量，尤其是对水的深度有一定的要求。根据浮力的知识，一个物体在水中浮起来，意味着它受到的浮力一定与它的重量相当，而物体受到浮力的大小与它排开液体的重量是相等的。也就是说，受到的浮力越大，意味着排开液体的重量越大。

《墨经》中就有这样的描述，物体沉没在水中的部分所排开的水的重量与物体重量保持平衡。

在中国古代典籍中，古人关于浮体规律共有7种说法，总结起来就是物体能够浮在水面上，是因为“有势”或“自然之势”，其实就相当于今人说的浮力。

古人还利用浮力知识创造了世界上最早的测量液体浓度的仪器。11世纪，一个名叫姚宽的学者发明了用莲子测试盐卤质量的方法。这里提到的盐卤，应该是一种用来提炼食盐的水，与海水的成分类似。

姚宽选出一些较重的莲子。他将10粒莲子投入水中，若有3粒或4粒浮出，便是浓盐卤；若有5粒莲子浮出，便是最浓的盐卤；若浮起的莲子不足3粒，则盐卤的质量必定是很差的；若10粒莲子都沉底，这种盐卤即便经过蒸煮也不会得到食盐。

元代的陈椿在任盐司期间，根据前人所做旧图，增补而成了《熬波图》。《熬波图》是中国最早系统描述海盐生产技术的专著。在书中，作者形象地记载了从建造房屋、开辟滩场、引纳海潮、浇淋取卤到煎炼成盐的完整海盐生产过程。

陈椿对姚宽的方法进行了改进，他制成了一种浮子式的液体比重计，莲子即是浮子。首先，他将盐卤按浓度分成了4种：最咸的卤、“三分卤”（相当于浓度75%的卤）、“一半卤”（相当于浓度50%的卤）、“一分卤”（相当于浓度33%的卤）。然后，他把经过处理的莲子分别浸泡在这4种不同浓度的盐卤之中足够的时间，让莲子充分地吸收盐卤。充分吸收了不同浓度盐卤的莲子，自身的密度也会变得各不相同，其与对应的盐卤的浓度有着直接的关系。最后，将这些不同密度的莲子放进一个竹管里面，再将要测试浓度的盐卤倒进竹管之中。等到稳定之后，就可以通过观察4种不同密度莲子在盐卤中的位置，来确定被测定的盐卤的浓度了。这种测试盐卤浓度的竹管，就是所谓的莲管。

这4枚经不同浓度的盐卤浸泡过的莲子相当于密度不同的参照物，它的原理与现代的浮子式比重计很相近。明代学者对这种比重计又进行了改进，只要一粒莲子就可以测定盐卤的浓度，原理与现代的浮子式液体比重计相似。

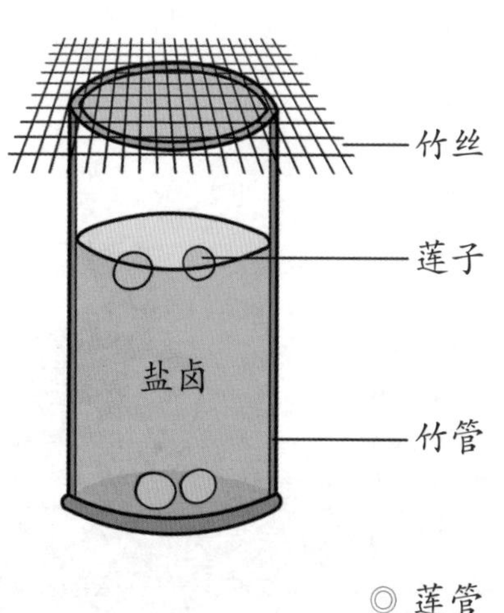

◎ 莲管

4. 从曹冲称象到怀丙捞铁牛

在中国，曹冲称象的故事流传甚广，《三国志》中就有这件事情的记载。

在距离现在1800多年前，中国处于东汉末期。有一天，孙权送给曹操一头很大的象，曹操想要知道象的重量，询问众部下，他们都不能拿出办法来。曹操的儿子曹冲说："把大象赶到大船上面，在船体上水淹到的位置刻下记号，然后用其他的东西代替大象，让船体上的水再次达到刚才所刻的记号那里，只要去称量这些替代物的重量，就可以知道大

象的重量了！”曹操听了十分高兴，马上派人按照这个方法称量，最终测得了大象的重量。

曹冲可能并不是第一个提出“以舟量物”、巧用浮力的人。南宋吴曾的《能改斋漫录》中曾引用了一个故事，有人利用浮力称量了一头很大的猪的重量。这个故事发生在东周燕国君主燕昭王在位时期（约公元前311年—公元前279年），比曹冲所在的时期要早500多年。

沉浸在液体中的物体都受到液体的浮力。成书于春秋时期的《诗经》中有这样的记载：“泛泛杨舟，载沉载浮。”船的发明，正是浮力的重要应用之一。

西汉哲学著作《淮南子·说山训》中记载了古人是如何发明“船”的，即“见窾（kuǎn）木浮而知为舟”。“窾”，中空的意思。“窾木”就是中间已空的木头。自然界中有些树木生长到了一定年头后往往会中空，古人看到这种中空的木头能够浮在水面上，进而受到启发发明了船。最早的船应该是独木舟，将一根长木头挖成中空的样式，便成为舟。

后来，人们更是懂得了制造各种各样的船舶，知道利用各种浮于水

◎ 独木舟

面的物体来渡水。汉代的时候，有人发明了浮囊、皮船。它们是用皮革缝制而成的，往里面充上空气，就可以用来帮助人们渡河了。更早的时期，有人直接把几个葫芦固定在身上，便可以在河面漂浮。

浮力的另一种应用就是制造浮桥。浮桥，就是浮在水面上的桥，它不需要脚踏实地的桥墩，是一种独特的桥。我国制造浮桥的历史十分悠久，可以追溯到春秋时期。古书中记载：“造舟于河”“言船相至而并比也”，意思是把船一艘接着一艘地排列在一起。很明显，这应该是最早的浮桥的雏形。只要在并排挨着的船上铺上木板，一座不错的浮桥就架设起来了。

隋朝大业元年（公元605年）曾在洛水河上架设“天津”（这里的津是渡口的意思）桥，这是一座浮桥。这座“天津”浮桥也是搭建在船上的，为了固定桥体，要用很粗大的绳索将所有的船连接在一起，船与船之间还用铁制的钩锁相互牵连着。

我国历史上还有一座非常著名的浮桥，那就是横跨黄河、连接秦晋（现陕西和山西）的蒲津浮桥。蒲津浮桥非常壮观，连接了上千艘船，并用竹索、木料捆扎进行加固。由于维护得当，竟然使用了上千年。

◎ 羊皮筏子

◎ 浮桥

在蒲津浮桥，还曾发生过一件古人利用浮力的事情，那就是僧人怀丙打捞铁牛的故事。

◎ 蒲津渡遗址

根据历史学家考证，蒲津浮桥修建于公元前3世纪，一直被使用到了公元13世纪。为确保安全，每隔一段时间都要对其进行修缮。唐朝开元十二年（公元724年）进行了一次大规模的修缮，除了疏通河道、维护堤岸外，考虑到黄河水流的冲击力太强大，额外铸造了8只巨大的铁牛，在浮桥两侧各放4只，用来固定连接浮桥的巨型缆绳。之后，这座浮桥又经历了300年的岁月，其间虽然经历过多次小型的损坏，但并没有发生过桥体被冲毁的情况。

大约到了宋代庆历年间（公元1041年—1048年），黄河发大水，这座浮桥被冲毁，固定浮桥的大铁牛也被冲到了河道之中。后来重新修建浮桥，需要将这些重数万斤的大铁牛给捞出来。这些大铁牛沉重无比，即使是在陆地上也难以撼动，何况是沉没在河底的泥沙中？

官方无计可施，便贴出告示，向民间招募高手。僧人怀丙应召而出，表示自己有打捞铁牛的良方。

怀丙把两艘很大的木船并排拴在一起，船上装满泥沙。两艘船之间，还搭建了一个很结实的木头架子。他指挥人们把船停在铁牛沉没的地方，让人把铁索一端拴在木架上，另一端则拴在水下的铁牛上。这一切完成后，怀丙就让人把船上的泥沙扔到河里去。随着船中泥沙的减少，船慢慢地向上升起来，拉动铁索将大铁牛从淤泥中拔了出来。

木船里最初都装满了泥沙，有上万斤重，所以两艘船的“吃水”都很深，这个时候木船受到的浮力等于船重加上泥沙的重量。在泥沙被一铲一铲地扔到河里后，泥沙的重量减轻了许多，两船受到的浮力就超过了船上余下的泥沙的重量。这些多余的浮力就会推着大船向上浮起来，大船浮起来的时候自然就会拉紧拴住铁牛的铁索，给大铁牛一个向上的

拉力。当船上的泥沙被扔完时，多余的浮力也就超过了铁牛的重量，在这种情况下，铁牛就被拔了出来。

除了怀丙利用浮力打捞铁牛的故事之外，古人还记录了一个把力应用得更加淋漓尽致的故事，那就是记录在清代郑光祖的《一斑录》中的“海底捞大炮”事件。

这个故事的背景是官府为平定海盗，运来了大铜炮，不料船运过程中遭遇了飓风，大铜炮落入水中，难以捞取。一个叫任昭才的人，利用4艘空船和4艘装满碎石的船，再巧妙利用浮力，最终将大炮从水中捞出。

其原理就是，4艘装满石子的船本来“吃水”很深，把船中的石子慢慢地挑到4艘空船中时，在浮力的作用下，原本装满石子的船会随着石子的减少渐渐上升，沉炮也随之上升。原来的空船则因为装满了石子而下沉，连接沉炮的绳索变松。将松弛的绳子收紧，再将石子一担一担地挑回最初装满石子的4艘船，沉炮又将随着船的上升而上升。如此反复几次，便可以将沉炮从水中捞出。

除利用浮力解决各种问题外，古人还喜欢利用浮力来做游戏。“曲水流觞（shāng）”就是古代文人中流传的一种游戏。觞是一种古代盛酒器具，即酒杯。通常为木制（也有陶制的），小而体轻，底部有托，可浮于水面上，两边有耳，又称“羽觞”。玩时则放在荷叶上，使其能平稳地浮水而行。人们将盛了酒的器皿放在水上，水的流动带动它们向前移动，移到谁的跟前，就由谁饮酒。可以说，“曲水流觞”正是利用了水的浮力和水流的力量来完成的一项有趣的游戏。

历史上一次著名的“曲水流觞”活动是与晋代大书法家王羲之有关的。永和九年（公元353年）三月初三上巳日，王羲之偕亲朋谢安和孙绰等人，在兰亭修禊（xì，修禊是古代一种消灾祈福的仪式）后，玩起“曲水流觞”，并被他记录在《兰亭集序》中。

5. 七夕乞巧

在武侠小说中常有一些游侠能自由行走在江面或湖面之上，当然，这只是作者的想象，并没有科学依据。但是，有一种被称为“水母鸡”（水黾，一种在湖水、池塘、水田和湿地中常见的小型水生昆虫）的虫子，却真能够在水面上自由行动且不沉下去，它依靠的并非浮力，而是另外一种力量，即液体的表面张力。

由于存在表面张力，液体往往会表现出一些有趣的现象，如有的液体呈球形的现象、毛细现象、肥皂泡现象、表面膜现象，等等。古人对这类问题也有着详细的观察和深入的思考。

牛郎织女的故事是我国四大民间爱情传说之一。从明代开始，妇女总会在农历的七月初七，也就是传说中牛郎织女一年一度相会的日子，

◎ 水黾（水母鸡）

向织女（星）乞求智巧，这就有了“乞巧节”的说法。在这一天，妇女往往会相聚在一起进行一种被称为“丢巧针”或“丢针儿”的游戏。这个游戏就是一个与液体表面张力有关的娱乐活动。

成书于明朝末年的《帝京景物略》中，记载了古代女子七夕乞巧的场景。

在七夕正午时分，将一盆清水在户外晒一段时间，水面就会生成薄膜状物质。这时候，将缝衣针轻轻放在水面，针浮在膜状物质上，观察针在盆底的影子，如果针影形成云朵、花纹、鸟兽、鞋、剪刀等图形，就是“得巧”。

之所以水面会生成膜状物质，是因为将水放在太阳底下晒一会儿之后，水面上会出现许多气泡薄膜。在这种情况下，将绣花针轻轻地放到水面上，针会因为受到气泡膜表面张力的缘故而浮在水面上不会沉下

◎ 针受到水的表面张力作用

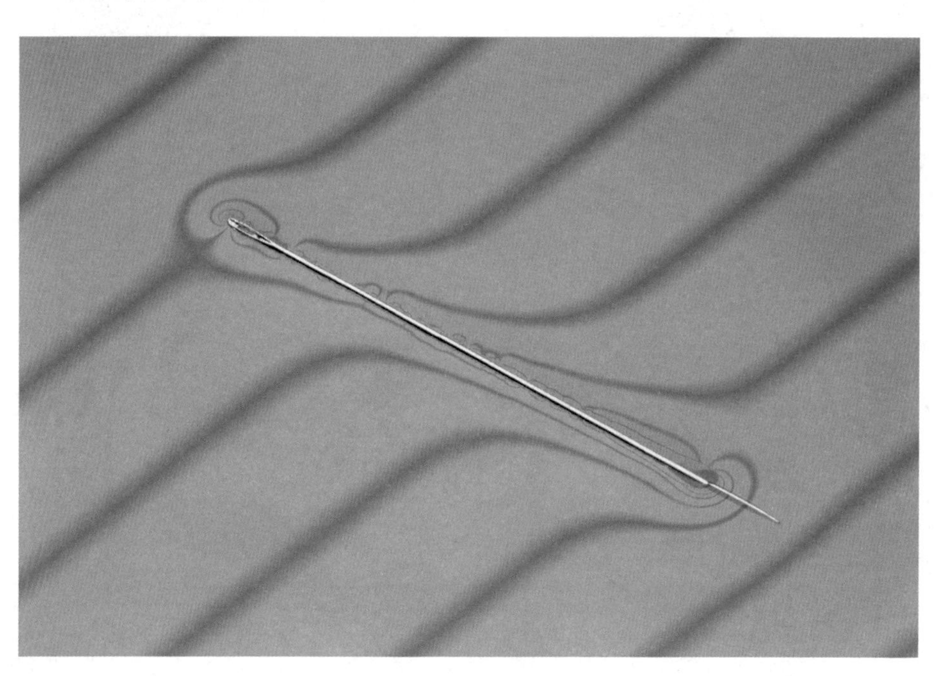

去。至于在水底下形成各种各样的针影，则与水面气泡、光线方向和天空背景等因素有关，属于偶然现象。

其实，古代学者对液体表面张力的实验性研究有更加悠久的历史，而且对如何成功地使针浮在水面上有着更大的把握。他们通过观察和研究注意到，当金属针的表面涂有油脂的时候，浮针实验就容易成功。西汉淮南王刘安的《淮南万毕术》中有详细记载，因为头发上的污垢常带有油脂，将绣花针的针孔塞上，在头发上来回擦几次，针的表面就会沾上一层油垢。在这种情况下，绣花针就更加容易浮在水面上了。

古人对液体表面张力的研究和利用并未停留在娱乐活动上，而是将其应用于解决实际生活中的问题。例如，古人发明了液体表面张力演示器，用以检验油漆或者桐油的品质。

宋代张世南在《游宦纪闻》中写道：质量好的漆能够挂起一条丝，搅动它的时候表面上会出现浮着的气泡；上等桐油能在竹篾圈上形成一层薄膜，就像皮革蒙在鼓框上一样。

这些现象都是纯净液体的表面张力导致的结果。对于液体来说，如果含有杂质，它的表面张力就会变小。如果桐油里面含有太多杂质，表面张力变小，就不能在竹篾圈上形成一层薄薄的膜面了。

很明显，这种用来查验桐油质量的竹篾圈，其实就是一种最早的液体表面张力演示器。

其实，液体表面张力演示器并不是什么神奇的东西，许多少年朋友都曾经玩过它，那就是小时候用来吹肥皂泡的、大小不等的塑料圆圈。在每次吹泡泡之前，都会将这个圈伸到肥皂液里蘸（zhàn）一下，拿出来之后上面就会出现一层肥皂薄膜，对着这层薄膜一吹气，五彩缤纷的肥皂泡就飞了起来，好看极了。

南宋学者程大昌还注意到露珠对日光的散射现象，详细地描述了雨露的圆球形状：当雨初停，露水未干时，露水珠“点缀于草木枝叶之末，欲坠不坠”，“聚为圆点”的露水珠很好看。由此可见，古人的观察是极为仔细的，而且这种“聚为圆点”的现象还大有用处。

明代的时候，火器已经被广泛使用。熬制硝水是制造火药的一个重要环节，硝水的纯度直接影响到火药的品质。为了很好地去除硝水中的杂质，要将鸡蛋清加入硝水里面，然后点火加热，一边加热一边用大木头勺子搅拌。等到硝水被烧开，翻滚起来很多次之后，再将硝水上面漂着的杂物、泡沫等用专门的工具捞走（有点像吃火锅的时候，把上面的一层沫子用勺子弄走一样）。把杂质清除掉之后，还要接着加热，继续煎熬。但是，这个煎熬的时间就很有讲究了，既不能太长，又不能太短，那如何去检验时间是否合适呢？古人的方法是用工具蘸一点硝水，把它滴在指甲上，如果硝水滴能够形成一个小圆球的形状，就说明符合要求了。显然，当时的人们已经知道利用纯净的液体会形成球形液滴这种表面张力现象，作为检测硝水纯度的标准。可见，古人将这种“聚为圆点”的现象应用到了熬制硝水的工艺之中。

另外，明代学者揭暄还发现了液面的弯曲现象，也称为弯月面现象。不过，不同的液体形成的弯曲液面也是不一样的。就弯曲的情况来看，一般分为两种类型：一种情况是液体在与固体接触时，会附着

火药是中国古代四大发明之一，以硝石、硫黄、木炭混合而成，点燃后能迅速燃烧或引发爆炸。因为硝石、硫黄在中国古代都是药典中记录的药物，故称为火药。火器是利用火药制成的武器。

在固体表面，形成所谓的浸润现象（如水滴在玻璃板上）；另一种情况是液体与固体接触时，不会附在这种固体的表面，形成所谓的不浸润现象（如水滴在蜡膜上）。当浸润现象出现时，形成的液面是中间向下凹的弯曲形状；当不浸润现象出现时，形成的液面则是中间凸起的弯曲形状。

揭暄说：“地面的形状是圆的，水依附在地面上，水面的形状也是圆的。江河湖海以及盆中的水，水面都是中间凸起的，只是人们察觉不到而已。”他所描述的应该是不浸润现象中出现的凸形弯曲液面。

6. 神奇的渴乌与公道杯

古人很早就知道有空气存在，还利用大气的压力创造了许多有意义的东西，虽然那时古人还没有真正认识到大气是有压力的。

利用大气压力制造的诸多物品中，虹吸管应该是极具代表性的。

关于虹吸管应用的最可信的记载，最早出现在《后汉书》中，里面记载了宦官张让下令让掖庭令（古代一种官职）毕岚制造“渴乌”，将路边沟渠中的水引到路面，用于路面洒水的事情。“渴乌”就是今人所说的虹吸管。

唐代李贤对此做了解释：“渴乌，为曲筒，以气引水上也。”不难看出，毕岚制造的渴乌应该是一种弯曲的空心筒，是一种虹吸管。所以，汉代时人们已经懂得使用虹吸管了。到了唐代，人们明白了虹吸管的工作原理是“以气引水”。

虹吸原理其实就是大气压和连通器原理的特殊应用，是指加在密闭容器里液体上的压强，处处都相等。虹吸管里灌满水，没有空气，入水端水位高，出水口封闭住。这个时候管内压强处处相等。如果此时打开出水口，由于入水端的水位高，压强大，水就可以不断从出水口流出。

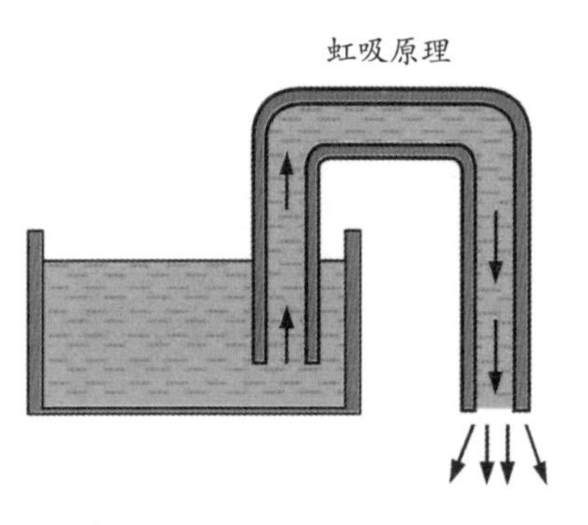

◎ 渴乌的工作原理

北魏时期，一个名叫李兰的道士将虹吸管应用到他发明的秤漏中。他利用虹吸管（渴乌）将漏壶（古代的一种计时装置）中上面壶中的水引到了下面的壶中。

流传下来的最早的虹吸管图像是唐代吕才制造的五级漏壶中使用的渴乌。

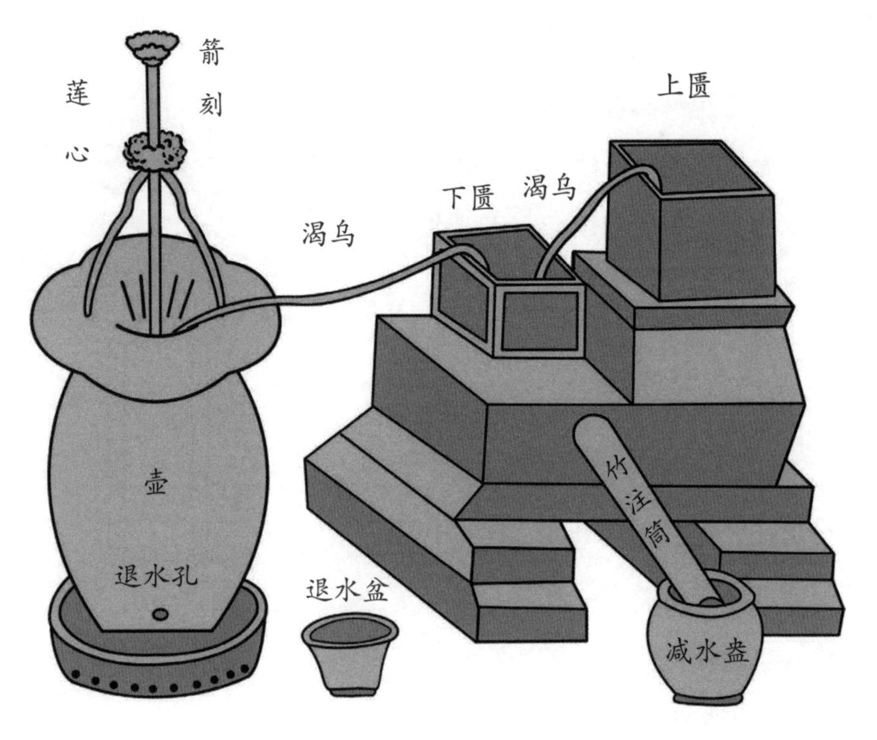

◎ 古代用于计时的漏壶

古人还曾造出很庞大的虹吸管，能够用它“隔山取水”。唐代的杜佑在《通典》中就专门描述了这种巨型渴乌是如何工作的。

首先把竹筒一段套住一段，这样得到了一根长度足够的空心管。同时，要保证空心管不漏气，维持气密性，这样大气压才能发挥作用。把空心管的进水口放到水里去，然后加热空心管中的空气，使空气受热膨胀，并把河水吸上来。当然，前提是需要将空心管的出水口密封，才能保证最终把水吸上来。

古人给这种巨型渴乌取名“过山龙”，不得不说，这个名字的确非常形象。

当使用虹吸管隔山取水时，古人注意到了一些其他的条件，比如，虹吸管入口处的水面高度必须要比出口处的水面高度要高，否则虹吸管就不能起作用。

古人还应用虹吸管制作了唧筒。唧筒是我国最早出现的消防水泵，类似现在戏水时用的水枪，利用活塞原理来实施远距离的灭火。

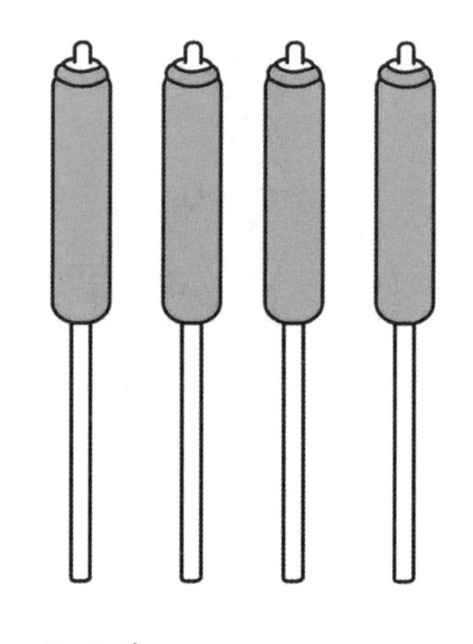

◎ 唧筒

除渴乌、唧筒外，古人还利用虹吸原理制作出了公道杯，并将其看作讲求公道、不可贪杯的警诫之物。

公道杯又称 “戒盈杯”，杯的中间一般立着一人形（多为老寿星）或龙形的装饰物，当杯中的酒水超过某一个位置，酒水就会从小暗孔中流出，直到杯中酒水流尽为止。

关于公道杯的创制时间，因为史料缺乏，学界还有争议。有专家认为，它最早起源于战国时期，用青铜制作，是用来劝诫君王要适度饮酒的。北宋陶穀（gǔ）在《清异录》中记载了唐文宗时的“神通盏”，斟满酒时酒会悄悄流入盘中。当初人们不知道原因，于是称呼它为“神通

◎ 元代青釉公道杯

盏”“了事盘”。它和公道杯的原理是相同的，因此“神通盏”应该就是公道杯的一种。据这些记载，至少在唐代中期就应该出现了公道杯。

公道杯的玄妙之处在于杯内的圆柱体。公道杯中间立着的人形或龙形装饰物实际是由两个圆柱体构成的，外面圆柱体与杯衔接处有一暗孔，整个杯子构成一个虹吸管。当杯中酒超过内部圆柱体上方的小孔时，酒就会从杯底的小孔中流出。根据虹吸原理，酒会一直流下去，直到杯中酒流尽为止。可见，用公道杯盛酒的极限高度不能超过杯中虹吸管的管顶。如果公道杯即将开始漏酒时就立即停止倒酒，那么每次的装酒量都将是一致的，所以很是“公道”。

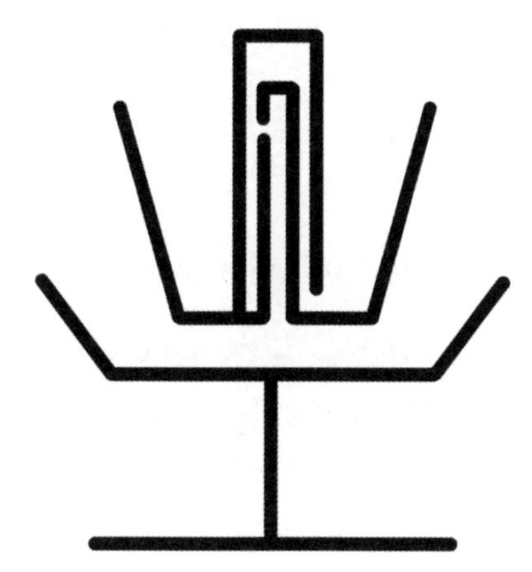

◎ 公道杯剖面图

关于公道杯还有些有趣的故事流传至今。相传唐朝寿王李瑁（mào）与杨玉环结婚之日，唐明皇李隆基赠送公道杯，并问杨玉环明白圣意否。杨玉环说：“父皇赏赐公道杯，教导我们凡事要适度，不可过贪，否则将一无所得。”又传说朱元璋建立明朝后，用公道杯盛酒宴请文武百官。那些贪杯的大臣由于倒酒太满，反而没有喝到酒。

一个小小的杯子，用它潜含的科学原理，提醒人们做事要讲求公道，为人不可贪得无厌，正所谓：“知足者酒存，贪心者酒尽。”

7. 古老的杯疗法——拔火罐

古人对于气压的知识是一点一滴地积累起来的，并且逐渐应用在生活中。较为常见的应用要算拔火罐、滴管和汲酒器了。

拔火罐，也称为拔罐，是我国中医传统的治疗方式之一。拔火罐在医学上也被称为“杯疗法”，中国古代称为“角法”。拔罐前，需要把罐体在火苗上燎一下，使得罐体内气体的压强略低于外界大气压，然后依靠外界大气压的压力将罐口紧紧地扣在人体的某个部位。

拔罐疗法简便易行，在成书于西汉时期的帛书《五十二病方》中就有关于“角法”的记载。宋代俞琰还记述了他曾见过的演示：

有一个道士，先将一团烧着的纸放到一个空陶罐里，然后快速地将陶罐倒扣进盛满水的银盆里。随即，就看到盆里的水向陶罐里涌了进去，动静很大，使银盆都发出了很大的声音。后来，道士又用同样的方法，将空陶罐“粘”在了一个男子的肚子上，用力去拉陶罐，陶罐也没有从男子的肚子上掉下来。

◎ 现代的火罐

后一个表演就是一种“拔罐子”的表演。对于这种陶罐扣紧在人体皮肤上的现象，究其原因，俞琰认为是“火气”造成的。

在中学物理课上，往往会用滴管来演示大气压的存在。滴管是一根两端开口的玻璃管。管子吸入水后，用手指压着封住上端管口，此时，即便是下端管口处于敞开状态，管中的水也不会流出来。在化学实验课上，老师常常用这种方法去吸取一些化学试剂。

这种在课堂上常见的演示大气压存在的简单操作，在古书中也有类似记载，《关尹子》中就记载了这样一个小实验。

这个小实验简单易行，只需一个瓶子，并在瓶子的任意位置上开两个小孔。瓶子装满水后，封住瓶口，堵住其中一个孔，水就不会从另一个孔里流出来。但一旦松开手，水就马上会从孔里流出。

唐代王冰在《素问》的注释中针对这类现象表达了自己的观点。他认为，把一根管子装满水，堵住上面的管口后再将管子提起来，水是不会流出来的。原因是气不上升，水就不会下降。向一个小口的瓶子中灌水，虽然瓶子是空的，但由于口比较小，想一下子把水灌入是不行的，因为“气不出而（水）不能入”。

《关尹子》中记录的实验与王冰描述的现象属于同一种情况，均是由于大气压存在而产生的。

相比俞琰认为拔罐不掉是“火气”造成的，王冰认为的“气不出而（水）不能入”更接近现代物理学有关大气压的观点。古人对于大气压的研究并非只停留在观察现象上，而是应用在了生活中。

在山东临淄商王村战国一号墓地，考古工作者发现了一件非常精巧的铜器。这是一件形状像荷花花蕾模样的铜器，从外形来看，柄在上，荷蕾在下，荷蕾开圆孔且为平底。它的长柄呈竹节状并中空，直通底部中空的荷蕾。此外，在柄的上部开有一个小方孔，此小方孔经过“竹节”与荷蕾的底部相通。它可能是一种“汲酒器”或“汲水器”。将它竖直插入水中，水由圆孔进入器内，空气则由方孔排出；水流出后，空气又从方孔中被吸进。当水进入器内，若用拇指压住方孔将它提起，器内的水不会滴洒；放松拇指，器内的水则会缓缓流出。

由此可以看出，“汲酒器”是利用了大气压的作用。它糅（róu）合了古人的科学智慧和工匠的高超技艺，是科学与艺术相结合的产物，在古代酒器中是一件非凡的作品。

◎ 战国竹节柄铜汲酒器
淄博市博物馆收藏

宋代俞琰还曾介绍过一种叫作“铜水滴”的器物，与汲酒器十分类似。这种铜水滴其实就是一根小铜管，在书房中被用作滴水到墨砚上的小工具，在唐宋时期常被称为“砚滴”。“砚滴”上面有小孔，捏住小孔时，铜管里面的水就滴不出来，松开小孔时，水就会从铜管里滴出来。从唐朝晚期开始，在一些书生的书桌上往往有一根被当作“砚滴”的小竹管，虽然只是一根普通的竹管，但所利用的科学原理却与先秦时的汲酒器相通。

8. “被中香炉”中的科学

我国古人对运动的认识，有的形成了一定的理论见解，有的则体现在实践中，甚至体现在一些游戏活动中。诸多的运动形式中，有一种很有意思的运动，就是回转运动——物体在高速旋转的同时能够保持直立不倒。对于这一特殊的运动，古人并没有做过刻意的描述，但是却发明了与之有着密切关系的玩具和奇妙的“被中香炉”。

陀螺是中国的传统玩具，至今已有四五千年的历史。“陀螺”这个名词，最早出现在明朝。《帝京景物略》中有“杨柳儿青，放空钟；杨柳儿活，抽陀螺；杨柳儿死，踢毽子”的描写。这说明，在明朝时，陀螺已经成为一种非常流行的玩具。各地对陀螺游戏都有不同的称呼，有不少地方把“抽陀螺”叫“耍陀螺”，还有的叫“打牛”。每个朝代都有关于陀螺的记载，只是用的材料不一样，有陶制、木制、竹制、石制多种，以木制居多。

陀螺是一个圆柱加上尖底的圆锥体。常见的玩法是，先用一根小鞭子的鞭梢稍稍缠住陀螺的腰部，再用力一拉，使之旋转起来，然后用鞭子不断抽打，让其旋转不停。

陀螺依靠鞭子抽打而旋转，抽打得越有力，陀螺转得就越稳健。在不受外力影响下，高速旋转的陀螺会转得很稳，并保持自转而不倒。当陀螺转速慢下来时，会在自转的同时沿着一个锥面运动，这就是一种旋进现象。

◎ 旋转着的陀螺

其实，地球就是一个巨大的陀螺。地球的自转轴，连接着地球的南

◎ 被中香炉

极和北极。因为太阳的引力，地球在绕着自己的旋转轴自转的同时，还会每年围绕太阳旋转一周，这也是一年会有季节变化的原因。不仅是地球，宇宙中许多星体，都可看成大大小小的陀螺。

古人经常焚香除臭、熏烟驱虫，他们把香草放在一个特制的容器中阴燃，这种容器通常被称为“被中香炉”。

被中香炉是中国古代能工巧匠运用重心及平衡等物理学知识创制的。由于它设计得很精巧，匠心独运，即使放到被子里晃动，也不会倾覆熄灭，同时具有熏衣物和取暖两种用途。

被中香炉最早记载于东晋的《西京杂记》之中。在汉武帝时，长安城有位叫丁缓的能工巧匠，制成了当时已经失传的被中香炉。他在香炉中储存香料，点燃后放在被褥中。当被中香炉随意滚动时，盛放香料的容器可以始终保持水平状态，不会倾翻，香火也不会撒出来烧坏被褥。

丁缓所造的被中香炉，其力学特性是“机环”可以向各个方向旋转，而放置香料的炉体总是保持在水平状态，只有常平支架才能达到此种效果。其中“机环”就是该支架的轴心线互相垂直的各层金属环，内环轴上悬挂炉体，以方便放置引燃生烟的香草或香料。

其实，丁缓并不是被中香炉最早的发明人，他只是将失传的物件再次制造出来。

汉代大文学家司马相如的《美人赋》中有“金鉔（zā）熏香，黼（fǔ）帐低垂”的句子。古字“鉔”为被中香炉的专用字，这表明，西汉时代已经发明了被中香炉。

也许有人心存疑问，这种设计巧妙的被中香炉到底有没有呢？是不是《西京杂记》和《美人赋》的作者故弄玄虚、夸大其词呢？这个不解之谜直到1963年才被解开。

1963年，在西安的唐代遗址中出土了4件镂空银香炉，考古专家发现，它的构造确实像《西京杂记》中所说的那样。

被中香炉的外壳由两个镂空半球合成，壳上镂刻着精美的花纹，花纹间的空隙可以散发香气。在外壳沿上下、左右、前后三个方向旋转时，内层炉子由于自重能够保持在上下方向上不变。其实在用这种香炉熏被褥时，香炉外层在被褥之间是可以随意转动的，因为里面有两层圆环，所以总是能够让内层的炉子保持水平。也就是说，被中香炉内层与外层要能有两个方向上自由地旋转。所以，被中香炉的实物构造往往有两层或三层。

把一个物体固定在基座上，无论基座怎样旋转，物体的方向不会变动，这就是被中香炉结构的关键所在。这种基座结构在如今仍然有很多重要的应用。具有这种结构的装置被称为万向支架，也称为常平支架。

在欧洲，直至1500年，意大利的大画家和科学家达·芬奇才提出了类似的设计。16世纪，意大利学者卡丹最早给出了常平支架的设计。所以西方人把常平支架叫作“卡丹吊环”或“卡丹环”，但是卡丹本人并没有宣称自己发明了它。

对于被中香炉神奇的结构，西方的科学家已经开始研究其具体应用了。1629年，焦瓦尼·布兰卡在罗马用拉丁文出版了《机械》一书，并最早提到了万向支架的应用。他认为可以利用万向支架来减轻车辆在道路上的震动，以便运送病人。

特别值得提出的是，宋代的沈括在《梦溪笔谈》中记述了唐高宗时制造的一种旅行车，称为“大驾玉辂（lù）”。根据沈括记载，这辆“大驾玉辂”是唐高宗时制造的，经久耐用，到沈括时代还基本完好。唐高宗曾三次乘坐着它到泰山去进行封禅大典，并多次乘坐这辆车子到处巡视游玩，坐在里面的感觉也很平稳，把一杯水放在车上面，车子走的时候杯子里的水都不会晃动。

英国科技史学家李约瑟将这种车与卡丹吊环进行了比较。他认为，“大驾玉辂”可能就是焦瓦尼·布兰卡所设计的那种有卡丹吊环装置的旅行车。当人躺在这种旅行车上时，在崎岖不平的道路上也不会感到颠簸。当然，这种行驶起来非常平稳的车到底采用了什么样的装置？是否在车架上装有常平装置，并把车座放在该支架的内环轴上？因为沈括语焉不详，今人也不好妄加推测。

沈括之后几个世纪，万向支架走进了科学殿堂。其功劳归之于法国科学家傅科。我们知道，在一定的初始条件和一定的外力矩作用下，陀螺会在不停自转的同时，还绕着另一个固定的转轴不停地旋转，这就是陀螺的旋进。傅科在1851年提出，利用高速旋转的陀螺来验证地球的自转。因为旋转的陀螺有保持旋转轴不变的性质，如果把陀螺放置在万向支架上，基座在地球上，地球旋转而陀螺的轴不旋转，经过不太长的时间，陀螺相对于支架的变动就明显地说明地球在自转。傅科利用他此前发明的“傅科摆”和这种陀螺仪有力地证明了地球在自转，所以，傅

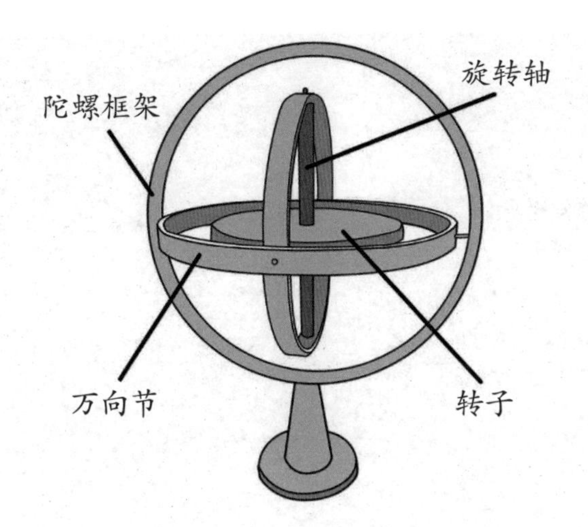

◎ 陀螺仪示意图

科又称它为“转动指示器”。从此万向支架又有了一个新的名字：陀螺支架。

中国古代的学者难以知晓被中香炉中包含的科学规律，如果能从经验上升为理论，对于科学技术的发展就会具有更大的价值。

◎ 海上明月共潮生

9. 为何会有潮涨潮落

“春江潮水连海平，海上明月共潮生。”唐代诗人张若虚在传世名篇《春江花月夜》中，用非常优美的文字将春江潮水的宏伟景象呈现在了人们的眼前。

潮汐现象是一种自然现象，它的成因与天体之间的引力有着重要的关系，研究潮汐问题自然就会涉及日、月的运动问题。我国古代有关潮汐的记载很丰富，古人还初步探讨了它与日、月运动的关系。

潮汐简称潮，又称海涛。古人之所以把海水的定期涨落称为潮汐，是因为白昼有潮，夜晚也有潮。东晋葛洪在《抱朴子》中记载，潮汐一词中的潮与朝有关，就是白天的潮，汐与夕有关，应该就是晚间的潮。事实上，潮与汐总是相对的，在白天和黑夜都会发生一次潮，在时间上相差约12小时。如果早潮出现在早晨，那么晚潮就会出现在傍晚；如果早潮出现在日落前，晚潮就会出现在黎明前。

当然，在远古时代，人们对潮汐现象的认识还很肤浅，在经过了很长时间的观察之后，人们才逐渐认识到潮汐现象背后的原因。

东汉学者王充指出了潮汐与月亮的关系：海里的潮起潮落，是随着月亮的圆缺变化的。月亮的圆缺不同，海潮的强弱也各不相同。由此可以看出，汉代人们已经注意到，潮汐是随着月亮的圆缺而发生变化的。晋代的杨泉和葛洪等人都有类似王充的看法。

到了唐代，人们对潮汐的观察研究取得了长足的进步。8世纪，窦叔蒙在他的著作《海涛志》中指出了潮汐的产生与月亮的运行是有关系的：每月朔（农历每月的初一）望（农历每月的十五）的时候发生大潮，然后每天潮汐的规模逐渐减小，到上弦（农历初七、初八）、下弦（农历二十二、二十三）时最小。并且，他还总结出潮汐的特点：每个月里，每一天的情况是各不相同的，但是，每隔一个月之后，情况又会重复出现，正所谓“日异月同”，周而复始。

9世纪，一个名叫卢肇（zhào）的学者进一步发展了窦叔蒙的思想。他认为潮汐的产生是跟太阳有关系的，但是潮涨潮落，又受到月亮的影响。卢肇这个关于潮汐与日月都有关系的看法，曾经对后世产生了很大的影响，他的理论在潮汐研究史上也具有重大的意义。同时，他的理论也引起了极大的争论，因为有一批学者并不认为潮汐与太阳是有关系的。

以上内容表明，古人已经认识到潮汐的出现和变化与太阳和月亮有关系，但到底太阳和月亮的作用又是如何到达地面，并引起海水的周期性涨落的呢？

古代学者对此也进行了缜密的思考和大胆的猜测，且大部分解释都立足于中国传统的物质理论——元气学说。古人认为，元气是构成万事万物最基础的东西。太阳代表阳气，月亮代表阴气，太阳和月亮共同作用，就是阴阳二气相互冲突和交融，从而导致了潮汐现象的出现。甚至，还有人用呼吸的方式进行了类比，即天地之间的元气一呼一吸，就带动了潮水涨落。这些基于元气说的解释，表明古人还想象不出，虚无空荡的宇宙空间如何能够将某种作用通过真空直接影响到地面上的事物。

明末清初的学者揭暄从静电和静磁的角度切入，对潮汐现象进行了新的解释。揭暄在注解方以智的《物理小识》中写道：月亮对水的作用，就好像带磁性的物质能够吸引针，带电的物体能够吸引轻小物体一样，其中的道理是差不多的。显然，揭暄用类比的方法对潮汐现象的产生原因做了说明，他的看法与近代力学的观点十分接近了。

在中国，钱塘江大潮是极其壮观的海潮，也是世界三大涌潮之一，另两处涌潮分别是印度恒河潮和巴西亚马孙潮。钱塘江大潮是天体引力

《物理小识》由明末清初的科学家方以智所著，是一部百科全书式的学术著作，其中的自然知识涉及天文、地理、物理、生物、医药等诸多学科，尤其以物理中的光、声、流体现象的记述最为精当。该书史料丰富，不仅有明代以前历代自然知识的分类记述，更有明代许多发明和发现的记载。

◎ 钱塘江潮

和地球自转的离心作用，加上杭州湾喇叭口的特殊地形所造成的特大涌潮。

关于钱塘江大潮有一个传说。春秋战国时期，吴王夫差打败了越国，越王勾践表面称臣，暗中却卧薪尝胆，准备复国。此事被吴国大臣伍子胥察觉，他多次劝说吴王杀掉勾践。但吴王忠奸不分，反而赐剑让伍子胥自刎，并将其尸首装入皮囊，抛入钱塘江中。伍子胥死后9年，越王勾践在大夫文种的辅佐下，经过精心的策划，一举打败吴国。但越王也听信谗言，逼文种伏剑自刎。伍子胥与文种这两个功臣，生活在钱塘江两岸，虽然各保其主，但下场一样悲惨。传说是他们的满腔郁恨，化作滔天巨浪，掀起了钱塘怒潮。传说虽不具备科学依据，但表达了人们对功臣遇害的惋惜，以及对昏庸暴君的痛恨。

10. 先进的治河经验——束水攻沙

黄河是中国的母亲河，是世界文明的起源地之一。几千年来，黄河一直哺育着华夏儿女，但黄河的每次泛滥都给河岸的居民带来了极大的生命和财产损失。所以，黄河治理是先民们必须解决的重大问题。在治理黄河的过程中，先民们积累了非常丰富的治河经验，“束水攻沙”就是其中之一，在这种治河之策中还蕴含了丰富的物理学知识。

历史上第一个提出“束水攻沙”策略的是明朝治河专家潘季驯。潘季驯是明朝中期的名臣、水利专家，他先后4次出任总理河道都御史，半生致力于黄河、淮河和运河的治理，可谓“壮于斯，老于斯；朝于斯，暮于斯”。在退休之前，他仍惦记着“治黄”之事，他给皇帝的奏章中说：“去国之臣，心犹在河。”乾隆皇帝称潘季驯为“明代河工第一人”。

◎ 潘季驯雕像

黄河是中国第二长河，流经黄土高原，带来大量的泥沙。沙土的淤积抬高了河床，使洪水经常泛滥成灾。明朝前期，黄河下游地区的社会经济遭到了很大的破坏，成为一个河患频生、土地荒芜、人口稀少的地方。所以，如何将黄河水约束到一条河道之中，不让它泛滥，就成为重要的政治、经济和社会问题。

潘季驯认为，治河者不应分流黄河水，而应该尽量多地将支流汇入主河道，以提高水流冲刷河道泥沙的能力。他还明智地提出了“开导上源，疏浚下流”的治黄方案。

在治河实践中，潘季驯又发现，狭窄的河道可以使水势猛涨，流速加快，强大的水流能将泥沙很快冲走，使河道变深，于是提出 “束水攻沙”，就是在宽浅的河道上修建堤坝，使过水断面变窄，流速变大，借以冲刷河道中的泥沙。应该说，这是一种很先进的治水措施。

两道南北大堤是束水攻沙的最主要工程，称为近堤或缕堤。在南北缕堤之外，再分别筑一道远堤，又称遥堤。在险要的河段，在缕堤和遥堤外，还建有月堤加固。后来在两堤之间又修建了挡水的格堤。

束水攻沙与宽河滞沙都是很有影响的“治黄”思想，实际上代表着两种不同的治理泥沙的方略。潘季驯运用“束水攻沙”的治水思想和一系列技术创新，有效地减少了黄河河患。

对水流问题的观察与思考，在中国古代的典籍里有很多记载，其中有些认识与现代关于流体问题的看法是一致的。

比如“中流者恒迅于边”，这是指河流中央的水的流速要比岸边的水的流速快得多。瑞士科学家丹尼耳·伯努利虽然在理论上解释过“束水攻沙”技术，但是晚于中国的治水实践300年。

再比如，“流行之水力于停贮之水，湍激之水力于流行之水”。这里说的是流动水的作用力比静止的水要大，湍急的水流作用力又比一般

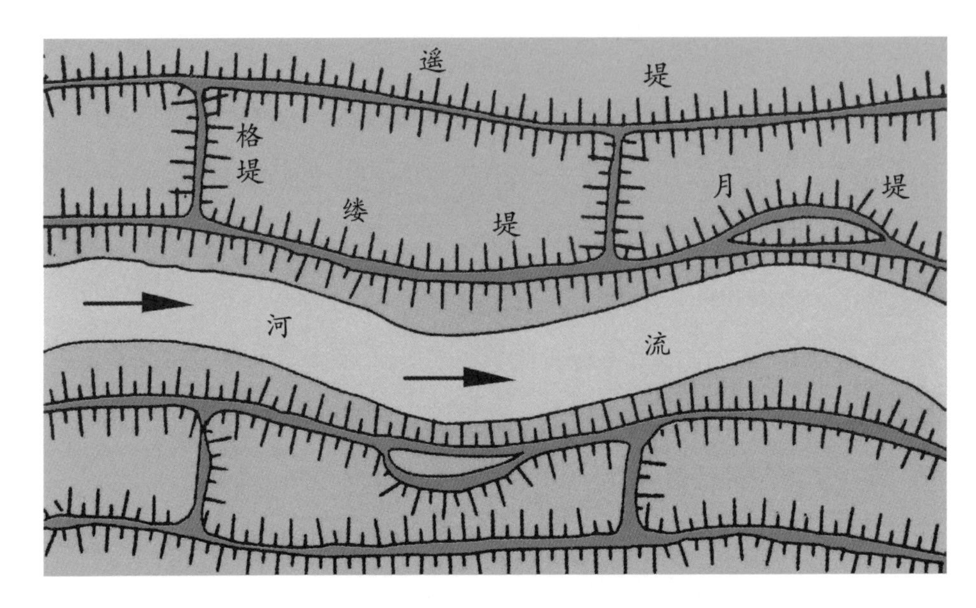

◎ 缕堤、遥堤、月堤、格堤

流动的水要大。显然，这些正是古人关于水流流速与它们的动能关系的观察论述。

潘季驯认为，清水挟沙能力比浑水高，主张在河流中尽量引入清水，以提高黄河水流的冲刷能力，这就是“蓄清刷黄”。“蓄清刷黄”实际上是“束水攻沙”治河思想的发展。潘季驯加高加固洪泽湖东岸的高家堰大堤，扩大洪泽湖蓄水能力，努力形成黄淮两水相汇、排沙入海的有利形势。

明代治理黄河主要是为了确保漕运，同时还要保护皇帝在凤阳、盱眙（xū yí）一带的祖坟。因此，“治黄保运，治黄保陵”是明代的治黄政策。经过潘季驯几十年的治理，黄河水灾大大减少了，许多废弃的田地变成了良田。潘季驯却因长年的奔波，积劳成疾。在晚年，潘季驯将自己一生治理黄河的经历和心得著成《两河管见》《河防一览》等著作，为后世治理黄河提供了借鉴。1591年，潘季驯编制《河防一览图》，由《祖陵图说》3幅、《皇陵图说》3幅和《两河图说》89幅组

◎《河防一览图》(局部)

成，对历年河患、地势、险情及河防须注意的问题都有详细说明，是现存篇幅最大的古代治黄工程图。

为纪念这位“千古治黄第一人”，后世为杰出水利专家潘季驯雕刻塑像，并在其家乡浙江湖州修建了潘季驯纪念园，以表达对他深深的敬意和感激之情。

11. 刻舟求剑新解

在自然界中，有许多运动形式，如水流、秋千的荡起和落下。那究竟什么是运动呢？简单地说，运动是一个物体相对于另外一个物体的位置发生了改变。所以，要想描述一个物体到底是怎样运动的，就必须先选择一个能作为参照的物体，那就是参照物。因为选择的参照物不同，对物体的运动状态的描述可能会不同。比如，我们坐在行驶的汽车里，如果把自己的座位看作参照物的话，我们就可以认为自己是没有动的，因为我们与座椅之间的位置没有发生变化。但是如果我们以路边的大树为参照物的话，我们就是运动的了，因为我们相对于大树之间的位置是在不停地变化的。这也说明，运动是相对的。

古人观察到太阳东升西落，月有阴晴圆缺，不禁思考究竟是太阳在动，还是月亮在动，或者是地球在动呢？曾几何时，这些问题困扰了很多人，当然也激发了古人无数睿智的思考。

战国末期，由秦国宰相吕不韦主持编纂的《吕氏春秋》一书中，记录了一个被称为“刻舟求剑”的故事。

◎ 吕不韦

楚国有个渡江的人，他的剑从船中掉进了水里。他急忙在船边剑掉下去的地方做了一个记号，说：“这是剑掉下去的地方。”船到达目的地后停了下来，这个楚国人就从他刻记号的地方跳到水里去寻找剑。船已经航行了一段距离，但是沉到江底的剑并没有行进，如果这样寻找剑，不是很糊涂吗？

从物理学的角度来看，这个故事就涉及参照物和相对运动的问题了。

关于河岸、河水和船三者到底是谁在运动的问题，东西方古代的智者们都曾思考过。古希腊学者亚里士多德在他的《物理学》中就曾经讨论过这个问题。在亚里士多德看来，停泊在河中的船其实是运动的，因为不同时刻与船体接触的水是不一样的。当然，亚里士多德自己也承认，这样去确定船的运动是有条件的，在很多情况下这个结论并不能推广到其他对象上。所以，他后来指出，要想确定船的运动情况，还必须重新选择一个参照物。他选择的是河床。

船与河岸的关系是人们最容易观察到的相对运动实例。在古代文人的诗歌中也不乏类似的描述，还平添了几分哲学韵味。南朝梁元帝萧绎在一首《早发龙巢》的诗中就写道："不疑行舫动，唯看远树来。"梁元帝描写的景象，就像坐在公共汽车里看窗外的树一样，如果以公共汽

车为参照物，路边的大树就好像在飞速向自己靠近。

另一首敦煌的曲子《浣溪沙》描写得就更生动了：

五两竿头风欲平，长风举棹觉船轻。
柔橹不施停却棹，是船行。
满眼风波多闪烁，看山恰似走来迎。
仔细看山山不动，是船行。

这里的“五两”是一束羽毛，捆在桅杆上，风刮起来，“五两”就能指示风向，进而帮助船家确定风帆摆放的角度。更重要的是，这首诗非常微妙地刻画了船与河岸景物之间的相对运动关系，既描写了河岸景物的视运动，又逼真而形象地表现出了它们之间的相对运动。

古人们还观察到了转动过程中的相对运动。南唐道士谭峭在他的《化书》中写道：“作环舞者，宫室皆转。”意思是旋转跳舞的舞者眼中，宫室都在转动。很明显，旋（“环”）舞者应该是以他自己作为参照物的。

值得指出的是，古人对这种旋转中的相对运动的认识并应用得最充分的地方是在天文观测上，并借此论证地动的观点。以天上星辰的东升西落证明大地的某种运动，大概是古代最朴素的地动说了。

其实，以相对运动的观点来解释天体的运动，东西方都是一致的。当哥白尼把宇宙的中心从地球转移到太阳时，便在天文学上掀起了一场伟大的革命，但是他在论证

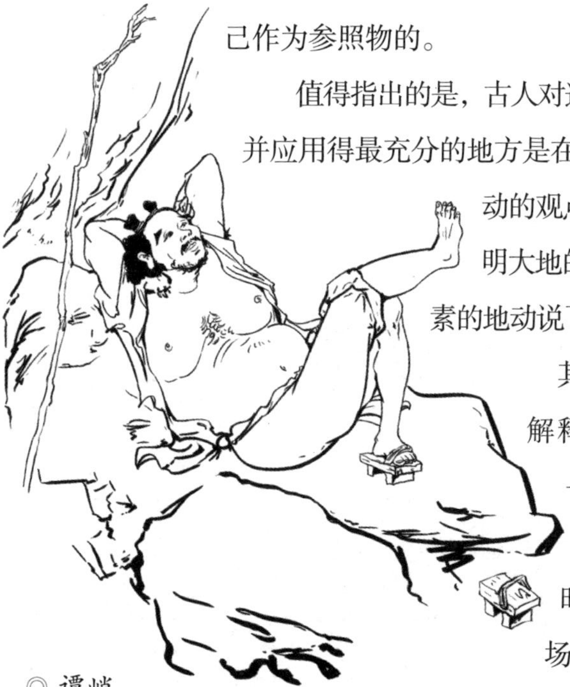

◎ 谭峭

地动说方面，并没有超出古代相对运动的观点。

确定一个物体是否运动，需要选择一个合适的参照物。这一点，我国古人在论证地动说时便有巧妙运用，并且与意大利物理学家伽利略在《关于托勒密和哥白尼两大世界体系的对话》（以下简称《两大世界体系的对话》）中描述的情景有着异曲同工之妙。

成书于汉代的《尚书纬·考灵曜》中写道：地球一直在运动，只是人察觉不到而已。这就像坐在关闭了窗户的船舱内，人无法察觉船的行驶。

地球是运动的，这一论点的提出，在近代科学发展初期都是一个革命性的问题。古人根据日常经验得到的认识是地球是不动的。而在这里，作者大胆地提出地球是运动的观点，无疑是非常睿智的表现。而文中进行的类比和说明，更具有深深的智慧。当人坐在关闭了窗户的船舱内时，因为看不到外面的任何事物，便无法得到参照的物体，所以也就不能确定船自身的运动情况了。由此可见，《尚书纬·考灵曜》的叙述是以船中的人不能觉察船本身的运动，来说明地上的人不能觉察地球运动的。

伽利略在《两大世界体系的对话》中，为了“表明所有用来反对地球运动的那些实验全然无效”，则详细地叙述了封闭船舱内发生的现象。

◎ 伽利略

把你和一些朋友关在一条大船甲板下的主舱里，让你们带着几只苍蝇、蝴蝶和其他小飞虫，舱内放一只大水碗，其中有几条鱼。然后，挂上一个水瓶，让水一滴一滴地滴到下面的一个宽口罐里。碗里的鱼向各个方向随便游动，水滴滴进下面的罐口，你把任何东西扔给你的朋友时，只要距离相等，向这一方向不必比另一方向用更多的力。你双脚齐跳，无论向哪个方向，跳过的距离都相等。当你仔细地观察这些事情之后，再使船以任何速度前进，只要运动是匀速的，也不忽左忽右地摆动，你将发现，所有上述现象丝毫没有变化。你也无法从其中任何一个现象来确定，船是在运动还是停着不动的。

伽利略的描述表明，从船中发生的任何一种现象中，乘船者都是无法判断船究竟是在运动还是静止不动的，即“舟行而人不觉”。现在这个论断被称为伽利略相对性原理。

在从经典力学到相对论的过渡中，许多经典力学的观念都要加以改变，唯独伽利略相对性原理不仅不需要加以任何修正，而且成了狭义相对论的两条基本原理之一。

《尚书纬·考灵曜》的问世至少比伽利略的《两大世界体系的对话》早1500年。因此，《尚书纬·考灵曜》的这段文字可以作为伽利略相对性原理最古老和最简洁的表述。

《关于托勒密和哥白尼两大世界体系的对话》是世界著名物理学家伽利略撰写的一部天文学著作，于1632年在意大利出版。书中全面系统地讨论了哥白尼日心说和托勒密地心说的各种分歧，并用作者的许多新发现和力学研究新成果论证了哥白尼体系的正确和托勒密体系的谬误。这本书在人类科技史上占有很重要的地位。

◎ 帆船

12. 神秘的帆车与世界上最早的飞行器

流动的空气形成了风，不同的流动速度形成的风力是不同的。当人类开始有意识地观察大自然的时候，就开始注意到风的存在。不仅如此，发明利用风力为人类服务的各种器具也有着悠久的历史，其中最典型的发明就是帆。

人类对船的使用历史已久，为了克服人力的限制，古人还充分利用大自然的风力，在船上装上帆，使船行驶得更加快捷。而借助船帆这种装置，还能实现人类远航的目的。

船帆的起源十分久远。在中国最古老的文字甲骨文中，就已经有了

"帆"字，它的形状就像两根竹竿张开一块布帛。三国时期，吴国的万震在《南州异物志》中记载通过"斜张船帆"利用风力使船快速行驶。

通常，帆要受到风力的作用。为了更好地利用各个方向的风，帆的数量从少到多，安装的方式从适应正向风力，最后发展到能适应各个方向的风力，也就是"斜张船帆"。

斜张船帆，是为了利用侧向过来的风力。这充分说明，古人在航行活动中已经掌握了利用侧向风力的经验。借此，古人可以控制船帆的方向，使船能在逆风中扬帆而行，只不过所走的路线是"之"字形的路线。明末科学家宋应星在他的《天工开物》中对此做了记载。

此外，古人还将帆用在了车上，制造出了帆车，如加帆的马车和人力车。梁元帝萧绎在《金楼子》中描写了一种"风车"，"可载三十人，日行数百里"。这里的"风车"，应该就是靠风推动的帆车。

帆车在我国应用的地域十分广泛。约成书于清朝道光十九年（公元1839年）的《鸿雪因缘图记》中，就有一幅帆车图。晚清学者俞樾（yuè）在《春在堂随笔》中描述了一种俗称"二把手"的小车。这种车

◎《鸿雪因缘图记》中的帆车

上装有帆布，利用风力产生的推力前进。

明末清初，帆车传到了欧洲，受到了人们的欢迎。16世纪—17世纪，欧洲编制的中国地图都以帆车作为边饰。荷兰工程师斯台文和英国物理学家胡克曾仿制过中国帆车。1684年，法国科学院还让比利时传教士柏应理在中国查询有关帆车的细节。德国哲学家和数学家莱布尼茨曾经建议，在科学博物馆的展品中应该包括“确系来自中国的‘荷兰帆车’”。17世纪，英国著名诗人弥尔顿在他的长诗《失乐园》中写道：“中国人推着轻便的竹车，靠帆和风力前进。”中华人民共和国成立初期，我国大兴水利，民工用手推独轮车运载土方，小车上张着布帆以借风势，说明这个方法直到近代还在使用。

◎ 欧洲人想象的中国帆车

中国的风筝被公认为世界上最早的飞行器。在古代，风筝有很多别名，如纸鸢（yuān）、纸鹞（yào）、风鸢等。风筝形式多种多样，许多书籍和绘画中都留下了古人放风筝的身影。

风筝在空中受到3种力的作用：重力、空气动力和拉线张力。对于一个富有经验的放风筝高手来说，只要稍微有点儿气流，风筝就可以上升了。一般情况下，放风筝的人都会拉紧线快跑，通过这种相对运动造成气流的运动帮助风筝飘浮或升空。对风筝升空过程的认识，对现代空气动力学思想的发展起到了重要作用。

风筝的起源从文字记载来看是春秋战国之前，距今约2600年。历史上关于风筝的记载有很多，例如唐代李冗在《独异志》中写道：公元549年，梁朝将领侯景叛乱，带领士兵围困梁武帝于台城。梁武帝之子简文用风筝飞空向外传送告急文书，搬取救兵解围。

中华民族素有在清明节前后放风筝的习俗。从古文献来看，风筝最初是作为战争时的通信工具，后逐渐成为皇宫内的娱乐形式，最后推广到民间，成为普通老百姓尤其是儿童嬉戏玩乐的活动。到了南宋时期，市面上已经有了专门卖风筝的小商贩了。

南方把风筝叫“鹞”，北方把风筝叫“鸢”。清朝诗人高鼎曾写下了著名的《村居》：

草长莺飞二月天，拂堤杨柳醉春烟。
儿童散学归来早，忙趁东风放纸鸢。

从纸鸢、风鸢，再到风筝，推测应该是纸鸢中增加了能够发出声响的部件，使其发出的声音像筝，所以才被称为风筝。大约在明清时期，风筝这个名称已经成了无声和有声的纸鸢的统称了。

如今，关于风筝的制作已经形成了很多颇具特色的流派，其中值得一提的，是与清朝文学大家曹雪芹有关的“曹氏风筝”。

曹雪芹是以《红楼梦》这部书闻名于世的，不过人们对于曹雪芹在其他方面的成就了解甚少。《南鹞北鸢考工志》正是曹雪芹风筝研究的成果。据说，曹雪芹研究风筝是为了他的一些穷朋友，让他们有个“糊口”的手艺，能够自食其力。“曹氏风筝”是按照《南鹞北鸢考工志》中“扎糊诀”研制而成的。

曹雪芹创制的“扎燕”（今天多称“沙燕”），上半部的两个“膀子”“门子”是北方“拍子”风筝的造型，代表“北鸢”；下半部的“腿子”类似现在的“三角翼风筝”，这又是南方“软翅风筝”的制作特色，代表“南鹞”。曹雪芹把南方的风筝和北方的风筝结合起来，取两者之长，创制成新造型风筝“扎燕”，所以又称为“南鹞北鸢”。

“曹氏风筝”集南北方风筝的特点于一体，形成了独特的风格，并用拟人手法创造了“燕子”的家族。例如，肥燕、瘦燕、比翼燕、雏燕等，不仅形似，更求神似。

古代的飞行器，除风筝之外，更早的还有木鸢、竹蜻蜓等物件。

木鸢的出现，据说与战国时期的能工巧匠公输班（也就是世人常说的鲁班）有关。据《墨子·鲁问》记载，公输班曾经制造过木鸢，能够飞行三天而不落。

◎ 沙燕风筝“五福捧寿”
（非物质文化遗产传承人吕铁智提供）

◎ 沙燕风筝“黑锅底”
（非物质文化遗产传承人吕铁智提供）

在另一部典籍《韩非子》中，则记载了墨子用三年时间制造木鸢，但在天上只飞了一天就坠了下来。

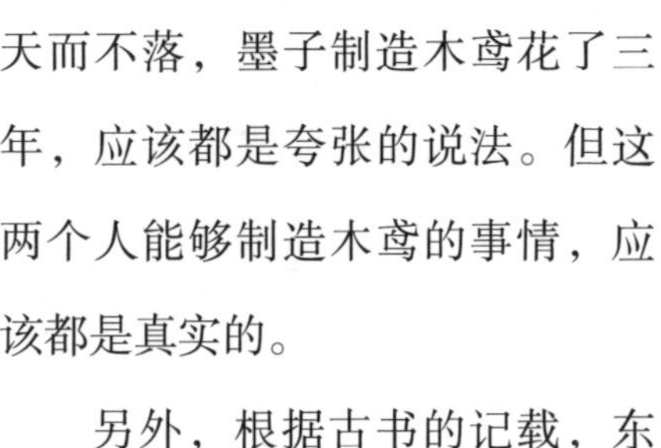

公输班的木鸢能够飞行三天而不落，墨子制造木鸢花了三年，应该都是夸张的说法。但这两个人能够制造木鸢的事情，应该都是真实的。

◎ 竹蜻蜓玩具

另外，根据古书的记载，东汉张衡曾经制造过木雕。晋代张隐在《文士传》中记载了这件事：张衡制作了木雕，借助木雕中的机械和羽毛，能飞行几里远。张衡在自己的著作《应闲》中说自己制作了有三个轮子的机械，可以自行转动；还制作了一只木雕，内部装上机关，能在天上飞翔。

从对蜻蜓飞翔的观察中受到启发，公元前500年左右，古人发明了会飞的竹蜻蜓。两千多年以来，竹蜻蜓一直是孩子们喜欢的玩具。

竹蜻蜓外形呈T字形，横的一片像螺旋桨，当中有一个小孔，其中插一根笔直的木棍或竹棍，用两手搓转这根棍，竹蜻蜓便会旋转飞上天，当升力减弱时才会落地。在制作和玩耍竹蜻蜓的过程中，可以领略这一古老玩具的趣味和科技的神奇。

公元4世纪，晋代葛洪在《抱朴子》中记述了一种称为“飞车”的飞行器。

根据葛洪的描述，“飞车”可能是带动力的大型竹蜻蜓。这个竹蜻蜓用薄片作旋翼，中间是轴承，下面是用来蓄力的拉弓牛皮绳。皮绳一拉，旋翼就通过扭力上升。

葛洪发明竹蜻蜓（“飞车”）曾令西方传教士惊叹不已，他们将竹蜻蜓称为“中国螺旋”。竹蜻蜓约在18世纪传到欧洲，它启发了西方人。被誉为“航空之父”的英国人乔治·凯利一辈子都对竹蜻蜓着迷。他的第一项航空研究就是在1796年仿制和改造了竹蜻蜓，并由此提出螺旋桨的工作原理。他的研究推动了飞机研制的进程，并为西方的设计师带来了研制直升机的灵感。

第二篇

声学

声学是研究声音的产生和传播的科学。我国古代声学与音乐、哲学、建筑、军事等结合紧密，这是我国古代声学发展的一大特点。在我国古代，从《梦溪笔谈》中的声学概念到诸如地听器等实践中的应用，从乐器制造到传统建筑，都蕴含着丰富的声学知识。

1. 是“天闻人言”还是“声波传音”

早在春秋末期，人们已经知道声音的来源及音调的高低是由振动决定的。《考工记》在述及钟体的设计与制造时，曾写道：“薄厚之所振动，清浊之所由出”。

这就表明，最晚在公元前6世纪下半叶至公元前5世纪初已有“振动”一词，而且人们将“振动”现象与钟壁厚薄、音调的高低联系起来了，还正确地认识到它们三者之间的关系：钟壁的厚薄决定了其振动的缓与烈（在中国古代没有明确的一定时间内振动多少的概念，即有关频率的概念）或振幅的大与小，而这又是音调高低的依据。早在殷商时期，中国人就已制造了精美的乐钟。人们在敲钟时，不仅可以用耳朵辨别音调的高低，而且还可以通过抚摩钟壁感觉到振动的强烈。因此，振动产生声音的看法，对古人是并不陌生的。

空气对声音的传播是有作用的，但空气中的波动是不可见的，古人对于声波的认识是很晚的事情了。直至1世纪，针对“天闻人言”的迷信说法，王充做了批驳，他认为声音在空气中的传播形式和水波相同。

王充论述，普通大小的鱼在水中游动时，从水中波纹可以看出，它所产生的波动不会传播得很远；大一些的鱼，在水中所产生的波纹也不会传得太远。人的言行也可使“气”产生振动，它所传播的距离与鱼产生的波动一样，也不会传播得很远；对于声源的振动，在“气”中产生的波动也应像水波一样。王充这种波动思想对中国声学发展具有重要的意义。

◎ 王充

明代科学家宋应星也注意到了产生声波的各种现象，并且还把声音传播与水面波动现象进行了类比，发展了王充关于声波的理论。宋应星认为，物体冲击大气时，就像物体冲击水面产生波纹一样。由于大气和水一样，都是“易动之物”，如果把一块石头投入水中，就会在水面产生波浪，并一圈一圈地向外展开。声波就像水波一样，只是看不见而已。

宋应星还认为，在炮弹爆炸时，火药产生的气体在静止的大气中迅速扩展，遇到孔洞便进入。他还注意到，火药爆炸后，在空气中形成冲击波，气体瞬间进入人体，可使人耳聋、内脏损伤或致人死亡。现在的观点是，炮弹爆炸的破坏作用是冲击波的作用。这说明，今人仍用波动的观点来说明爆炸的威力。

◎ 宋应星

风刮过水面会产生水波，水波是动态的，并表现出一定的规律，它在扩张的过程中是逐渐展开的。水波的美感是明显的，这种美表现出的动感和一定的力度可

宋应星是明朝著名科学家，他一生致力于对农业和手工业生产的科学考察和研究，收集了丰富的科学资料；同时思想上的超前意识使他成为对封建主义和中世纪学术传统持批判态度的思想家。宋应星的著作和研究领域涉及自然科学及人文科学的不同学科，而其中最杰出的作品《天工开物》被誉为“中国 17 世纪的工艺百科全书”。

为人们所欣赏。

远古时期的人们已经注意到水波的这些特征，他们将类似波纹的线条绘入自己的创作之中。仰韶时期的陶器上就有许多波纹状的装饰线条，这是一种较为普遍的装饰线条，在许多器物上都曾出现。

自然界中，在风的作用下，沙漠的表面也会形成像波浪一样的起伏。另外，在中国西部的沙漠地区，一些沙丘容易产生鸣沙现象，因此这些沙丘常常被称为鸣沙山。鸣沙又叫响沙、哨沙或音乐沙，是一种奇特的自然现象。在沙漠或沙丘中，由于气候和地理因素的影响，以石英为主的细沙粒因风吹而振动，沙粒在气流中旋转，就产生了嗡嗡的声响。从鸣沙山滑落下来的沙子就像科学家竺可桢描述的那样，甚至能“发出轰隆的巨响，像打雷一样”。

在中国西北地区，甘肃敦煌鸣沙山与宁夏中卫市的沙坡头、内蒙古达拉特旗的银肯塔拉响沙群和新疆巴里坤鸣沙山，号称中国的四大鸣沙山。

敦煌鸣沙山在汉代称沙角山，又名神沙山，晋代开始称鸣沙山。该山全由细沙聚积而成，沙粒晶莹透亮。沙山形态各异，有的像月牙儿，有的像金字塔，有的像蟒蛇，有的像鱼鳞。西汉就有鸣沙山好似演奏钟鼓管弦乐的记载。《旧唐书·地理志》中记载，鸣沙山“天气晴朗时，沙鸣闻于城内”。

唐代的《沙州图经》中则描述了流沙的特点，即“流动无定……俄然深谷为陵，高崖为谷；或峰危似削，孤岫如画，夕疑无地”。可见，流沙造成敦煌鸣沙山形状多变。下山时，沙粒随人流动，会发出管弦鼓乐般的隆隆声响，近闻如兽吼，远听如仙乐。

鸣沙这种自然现象在世界上很多地方都有出现，沙子发出的声音也多种多样。据说，世界上已经发现了100多处有类似鸣沙效应的沙滩和沙漠，如美国夏威夷群岛的高阿夷岛上的沙子，会发出狗叫一样的声音，所以人们称它“犬吠沙”。苏格兰爱格岛上的沙子，能发出一种尖锐响亮的声音，就像食指在拉紧的丝弦上弹了一下。这些奇特的鸣沙现象为当地带来了有特色的旅游资源，也使人们了解了鸣沙背后蕴含的声学原理。

◎ 敦煌鸣沙山

2. 无风自摇的风铎

唐代有个官员叫宋沇（yǎn），是当时的太常丞，职责是管理皇家祭祀和庆典的仪式。

宋沇的辨音能力超常。有一天，宋沇听到塔上风铎（duó，一种铃铛）作响，竟从几十个风铎中辨认出一个特殊的乐音，并仔细地听了很长时间。他跑到光宅寺告诉寺主，在这些风铎之中，有一个是古制的。

宋沇问寺主能不能请一个人登上塔去，试着一个个叩击风铎，他要一个个地听，以辨别出其中那个声音特殊的风铎。寺主拗（niù）不过，便同意了。寺中的人告诉宋沇，有一个风铎“往往无风自摇”，人们可以听到它发出的嗡嗡声，莫非就是这个风铎？

宋沇的听力是极其灵敏的，他发现，这个风铎果然与众不同，它“往往无风自摇”是因为产生了共鸣。宋沇还注意到，风铎共鸣是因为寺中祭祈时敲钟造成的。

宋沇将此风铎拿到太常寺（朝廷的乐府机构）来验证，进行了共鸣实验，即敲钟时看风铎是否应声而鸣。最后，实验证明了他的猜想。他买下了这个特殊的风铎。

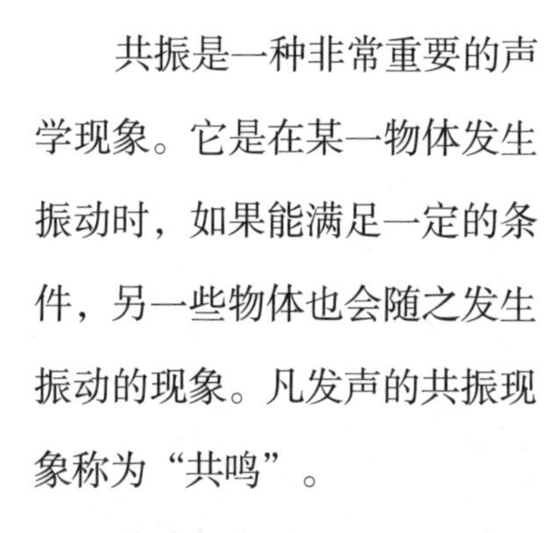

共振是一种非常重要的声学现象。它是在某一物体发生振动时，如果能满足一定的条件，另一些物体也会随之发生振动的现象。凡发声的共振现象称为“共鸣”。

共鸣现象最早记载在《庄

子》一书中，是由乐师鲁遽（jù）发现的。

◎ 东汉石雕鼓瑟俑

鲁遽在进行瑟的演奏时，把两张瑟分别置于两个房间，并把这两个房间分别称为“室”和“堂”。当弹奏“堂”中瑟的宫弦时，“室”中瑟的宫弦也会随之发生振动。这就是“鼓宫宫动”的现象，类似还有“鼓角角动”，这里的“鼓”是“打击”的意思。

这说明，产生共鸣时，两张瑟的音律要相同。庄子最后还谈到，如果弹奏不属于五音中的任何一个音，这个音在瑟的25根弦上的很多音就会随之振动起来。“五音”也被称为“五声”，是在演奏和歌唱时，用到的5个和谐的乐音，即“宫、商、角（jué）、徵（zhǐ）、羽”。

秦国丞相吕不韦曾组织人员对共鸣现象进行研究。他们认为产生这种“鼓宫宫动，鼓角角动”的现象，是因为打击弦会产生声音，所产生的声波还会鼓动别的弦，并发出相同的声波（即相同的音）。由于它们相类似便发生了相互作用，并且都是利用“气”来传播的。同时，这些声音要符合一定的“比”值，才能相应地合出相同的或类似的声。

可见，早在先秦时期，人们就注意到乐音之间的共鸣现象。

除了对弦线与弦线之间的共鸣现象予以记述和解释外，古人还注意到钟与钟之间的共鸣。西汉学者曾在书中记载，在古代，天子出行，左右两侧各有5口钟。要敲左面的名为“黄钟”的钟，以示隆重。由于同类之物之间的声音相互感应，右面的5口钟也会产生共鸣。

古代学者的记录中还有更加令人惊奇的现象，即自鸣。西汉大学者董仲舒认为，同类物体运动或振动产生的自鸣现象，由于是以声音的形式表现出来的，不能被直接看到。董仲舒还注意到琴瑟自鸣时弦线的数值比存在一定关系，而非“神”的作用。董仲舒的理论对后世产生了重要的影响。

总而言之，古代学者认为，如果是两根弦线之间发生了共鸣，这两根弦线长度要符合一定的比值。

三国时期，魏国朝廷大殿前的一口大钟“无故自鸣”。众人都很惊奇，就去问博学的张华。张华说：“这是由于蜀郡发生的铜矿山崩塌，致使洛阳的大钟自鸣。”人们问询蜀地的人，得到的消息果然如张华所言。众人惊叹，远在千里之外的山崩塌，张华竟凭大钟的自鸣而能觉知，真是神乎其神。

不止如此，张华还找到了消除共鸣的方法。在宫中，每逢早晨和黄昏，有一个铜盆总是自鸣，就像有人叩击这个盆。张华认为：“这个铜盆的固有振动频率与洛阳钟相同，所以产生共鸣。”张华让人用锉（cuò）去掉铜盆上的一点物质，铜盆就不再自鸣了。

唐代也有一个关于消除共鸣现象的故事。曹绍夔（kuí）是一名“太乐令”，曾经为洛阳的一位和尚“治病”。这个和尚的房中有一个磬（qìng，古代一种打击乐器，形状像曲尺），无论白天黑夜都会自动发出声响。和尚认为很诡异，且认为是“闹鬼”，便因为害怕生了病。曹绍夔来问候他，得知了房中“闹鬼”

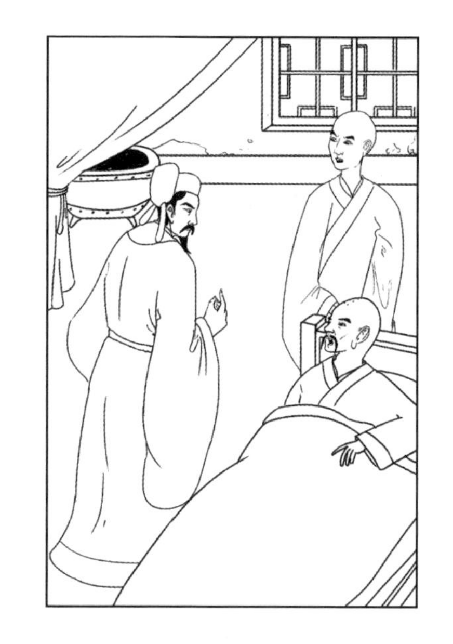

◎ 曹绍夔白马寺除怪

的事情。恰好此时，外面正在撞击铜钟，这个磬也同时发出了声音。曹绍夔笑着说："明天摆下美味佳肴招待我，我可以为你消除鬼怪。"和尚听了以后将信将疑。第二天，曹绍夔来到寺中，从怀中掏出一把锉，在磬上锉了几下，磬无故发出声响的情况就没有了。和尚问曹绍夔怎么回事，他说："这个磬与钟的音律相合，所以敲击钟，磬就会以声相应。"就这样，共鸣消除了，和尚的"病"也好了。

各种共振现象的发现与记录，是中国古代声学史中最具特色的内容之一。除了音乐家和乐律家出于调音需要而极为重视共振现象外，哲学家也以共振现象说明元气的作用和天人感应的哲理，以此提倡人与自然的有机的大一统哲学。

3. 古代的音乐学——律吕之学

在古代音乐声学的研究中，另一个重要内容是研究音律，就是律学，这种学问在中国古代一直未曾中断。早在周代已有“八音”的分类。所谓“八音”，是指由金、石、丝、竹、匏（páo）、土、革、木制成乐器所发出的乐音。

中国古人发明的十二律，也即在八度内的12个音，它们的名称可按音高顺序排列在表格中。

十二律的名称和对应的现代音名

律名	黄钟	大吕	太簇	夹钟	姑洗	仲吕
音名	C	#C	D	#D	E	F
律名	蕤宾	林钟	夷则	南吕	无射	应钟
音名	#F	G	#G	A	#A	B

太簇（cù），蕤（ruí）宾，夷（yí）则，无射（yì）。

按此排列，位于单数者称为“六律”或“阳律”，位于双数者称为“六吕”或“阴吕”，所以十二律也称为“律吕”。具体地说：

“六律”为黄钟、太簇、姑洗、蕤宾、夷则和无射。

“六吕”为大吕、夹钟、仲吕、林钟、南吕和应钟。可见“六吕”很规整，即“三钟”加上“三吕”。

这样，“律吕”就是（六）律和（六）吕的合称。古人称律学为“律吕”或“律吕之学”。

由于十二律是调音的依据，因此一直为音乐家和演奏者所重视。据传说，黄帝曾经派乐官伶伦采集竹子，以创制音律。伶伦将竹子截为三寸九分（大约10厘米）长的竹管，从这支竹管中吹出的音就被确定为

“黄钟”音。

十二律的全部名称最早记载于《国语·周语下》。在周景王二十三年（公元前522年），景王打算铸造名为“无射”的乐钟，向乐官伶州鸠（jiū）请教。伶州鸠列出了十二律的名称，并说明了音律与数的关系。

伶州鸠认为，音律的确立要有调音器，以作为标准。为了确立这样的音律范围和标准，在古代以神瞽（gǔ，上古时期的乐官）的考核和测量为标准。神瞽所制定的音律标准和调谐准确的钟，应成为百官必须遵守的标准。而后，依次形成12个律音（即十二律）。伶州鸠认为这样的做法才能符合“天之道”——大自然的规律。

《吕氏春秋》中叙述了十二律的关系：黄钟生林钟，林钟生太簇，太簇生南吕，南吕生姑洗，姑洗生应钟，应钟生蕤宾，蕤宾生大吕，大吕生夷则，夷则生夹钟，夹钟生无射，无射生仲吕。

这种生律法被称为“隔八相生法”，也可用图表示。它以黄钟为元声，余声则依一定次序计算，每隔8位生一律。依《汉书·律历志》中所说，要从黄钟开始，向左旋转，并且要8个8个地数。在《隋书·律历志》中的表述更加清楚，要从黄钟开始数，数到第8个就是“林钟”；具体的操作如图：黄钟、大吕、太簇、夹钟、姑洗、仲吕、蕤宾、林钟，这就是“黄钟生林钟”；接着，从“林钟”开始，仍然要数8个，即林钟、夷则、南吕、无射、应钟、黄

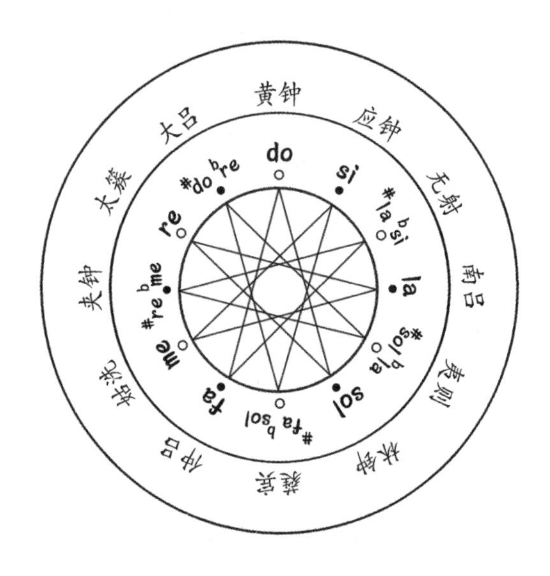

◎ 十二律的“隔八相生法”

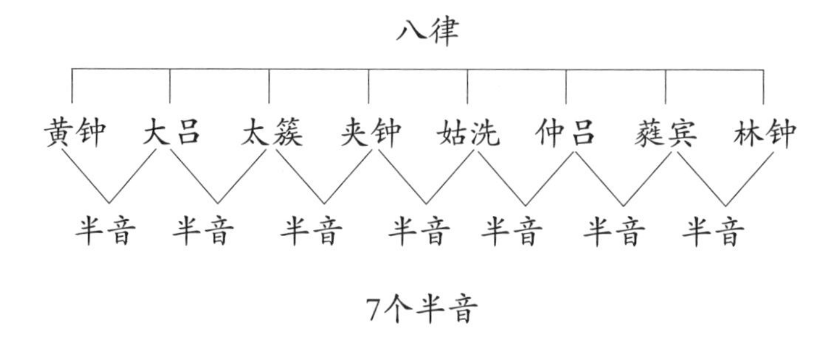

钟、大吕、太簇，即“林钟生太簇”；以下类同，直至生出仲吕。

总体而言，从黄钟到林钟是“左旋”隔八而生林钟，从林钟须“右旋”隔六而生太簇，依此类推，只是从蕤宾到大吕须再“右旋”隔六。

音阶知识是古代音律学中的重要部分。音阶就是将一个八度中的乐音均按照全音或半音的距离来排列。这个“距离”值也被称为“音程”。按全音排列称为“全音音阶”，按半音排列则称为“半音音阶”。半音是一个八度被划分为12个音的律制中任何相邻两音之间的音程，全音是两个半音的音程之和。音阶要按音高次序排列，在一个八度内取5个声音称为“五声音阶”，在一个八度内取7个声音称为“七声音阶”。中国古代无“音阶”这个术语，都称为“五声”或“七声”。

中国人采用的五声名称是“宫、商、角、徵、羽”，即do、re、mi、sol、la。七声的名称是再加两个变声：“变徵”和“变宫”（即fa和si）。《淮南子·天文训》中把“变徵”称为“缪”，“变宫”称为“和”。用现代的写法是：do、re、mi、fa、sol、la、si。对应古代工尺谱的记谱法，即上、尺、工、凡、六、五、乙。

五声的名称最早见于《左传》一书，它的起源可能与天文学二十八宿（xiù）有关，但五声的发音也可能与禽兽的鸣叫有关。据说，上古时期，“牛、马、鸡、猪、羊”的发音就与“宫、商、角、徵、羽”的发音相似。

◎ 管子

五声产生于商周时期。但是，古人能制作发出五声或七声的乐器，其年代是更加久远的。20世纪80年代，在河南舞阳贾湖的新石器时代遗址发现的16支骨笛，其制作年代可追溯到8000年前。这些骨笛是竖吹的，形状固定且制作精美。技术专家对其中一支保存完整而无裂纹的骨笛进行测试，它可以发出七声音阶，而这正是中国的传统音阶。正如唐代学者杜佑所说的，殷代以前，便有五声。五声在七声中占核心地位，而宫在音律计算中的地位尤为重要。计算中通常从宫音开始，最后返回到宫位，这称为“返宫”。

音阶知识虽然可以追溯到4000年—5000年前，但是，能对它进行计算，并进行乐音上的研究和论证，是春秋战国时期才开始的。其中最重要的成就是确立了一种重要的方法——三分损益法。这种计算方法最早见于《管子》。管子是春秋时期齐国著名的政治家，精通音乐。《管子》一书并非管子所作，它是后人依托管子之名而成书的。

在用三分损益法生成五音的时候，首先要设定一个基准数据作为首音，并把它命名为“黄钟”。为了便于计算，《管子》里面把这个数据定为了81。作为一个规定，将黄钟的数定为宫音。将这个数据（81）乘以$\frac{4}{3}$得到108，这个音就是徵音，再用徵音的数字乘以$\frac{2}{3}$，得到的数据是商音（72）。再用商音乘以$\frac{4}{3}$得到的是羽音的数据（96），再用羽音乘以$\frac{2}{3}$得到最后的一个音——角音（64）。与这段记载对应的具体操作是，将一空弦依次乘以$\frac{4}{3}$或$\frac{2}{3}$，即加长$\frac{1}{3}$或缩短$\frac{1}{3}$，分割成不同的长度，这就产生出频率不同的乐音，具体的推算步骤是：

黄钟宫音的弦长为　$1\times3\times3\times3\times3=81$

徵音的弦长为　$81\times\frac{4}{3}=108$　　商音的弦长为　$108\times\frac{2}{3}=72$

羽音的弦长为　$72\times\frac{4}{3}=96$　　角音的弦长为　$96\times\frac{2}{3}=64$

由于弦长的比与乐音有关，在这些弦长下产生的音比为$\frac{2}{3}$，这两个音相差约五度。古希腊毕达哥拉斯将这种计算方法称为“五度相生法”。由此看来，由三分损益法得来的五声音阶实际上是由许多相差五度的音相生而成。因此，“三分损益法”与毕达哥拉斯奠定的“五度相生法”是一样的，但是管子要早于毕达哥拉斯100多年。

为什么乐音之间要相隔五度呢？从数字比来看，如果符合比值为2∶3，在音程中（除2∶1外）是最简单的一个，也是最和谐的一个音程。同时，这便于依照主音的高度定出音阶中其他音的高度。

毕达哥拉斯对此也多有论证，这说明东西方在审美上和操作上有许多共同之处。

◎ 湖北省博物馆曾侯乙编钟

4. 沈括的声学实验

在唐代，有一位叫李肇的翰林，记载了一个弦线共鸣的现象。他曾观看一位演奏家将两张琴放在不同的地方，拨动一张琴的宫弦，另一张琴的宫弦会随之振动，拨动商弦也是如此。这与《庄子》中的记载相似，但李肇指出，这个实验不好操作，稍微不切合条件，就不会产生共鸣。可见，共鸣的条件是很严格的。

北宋的沈括曾在友人家中看到一种共鸣现象，并做了记录。友人家有一个琵琶，把琵琶放在一个房间，用管色（也叫筚篥，bì lì，一种管类乐器）奏出某个音调，琵琶上的弦马上就有共鸣的现象产生，但奏其他声调琵琶却不会应声。友人把这个琵琶视为宝贝，沈括则把导致这个琵琶共鸣现象背后的“理”视为“常理”。因为古代典籍中记载的共鸣现象有很多，并不新鲜。只是琵琶的弦与管乐器发生共鸣的现象，与以往记载不同，过去记载的都是同类乐器，如瑟与瑟、钟与钟。

为了进一步研究这种现象，沈括设计了一个琴与瑟的弦发生共鸣的实验，他写道：

如果使琴弦与瑟弦都能产生对应的（共鸣）声，应该保证“宫弦则应少宫，商声即应少商”。这句话相当于现今的do与dó，le与lé相应共鸣一样。如果想要知道是哪个弦为“应者”，就要先调好琴和瑟的各个弦线，使其对应的弦发生共振。为了能看清楚哪些弦共振应声，可放上事先剪好的“纸人”。当看到“纸人”跳起来时，别的弦线则不动，说明“声律高下苟同”。当别的琴弦被敲击时，对应的弦线就会产生振动，这种借助“纸人”找到弦音的方法称为“正声”。

其中宫与少宫、商与少商就是两弦长之比为1∶2的对应弦，两音正好相差一个八度音程。这就是说，如果弹奏某一弦发出的声音（频率）同另一弦发出的声音（频率）相同（1∶1）或成倍（分）数关系，皆可发生共鸣。

◎ 沈括

沈括是北宋著名科学家，一生致力于科学研究，在众多学科领域都有很深的造诣和卓越的成就，被誉为“中国整部科学史中最卓越的人物”。其代表作《梦溪笔谈》，内容丰富，集前代科学成就之大成，在世界文化史上有着重要的地位，被称为“中国科学史上的里程碑”。

沈括并不是简单地重复过去的实验，他用“纸人”来演示乐音“相应”的情形。因此，他的实验是世界上第一个能够演示弦线共鸣的实验。西方类似的实验是在17世纪完成的，即英国牛津的诺布尔和皮戈特进行的用“纸游码”演示的共鸣实验。

后来，宋代末年的周密也重复了这个共鸣实验，周密认为，利用羽毛探测到共鸣声是“气”的“自然相感动”的结果，这种“感动”导致了共鸣现象。

明末清初的方以智对沈括的实验做了补充。他将琴与瑟放在门之内和门之外，他在门外弹奏一个调子，门内的弦也动了起来。他还用三弦（弹拨乐器）与笛子进行了实验。他先为三弦定好一个音调，在每根弦上贴上小纸片，再用笛子吹一个调子，三弦上的一条弦也会随之振动，弦上的纸也会跟着振动。

沈括不但对于弦乐器的发声有研究，他对古乐钟的发声问题也很有研究。他认为，古乐钟都是扁形的，就像合起来的两块瓦，故可称为“扁钟”。如果钟是圆的，敲击时，声的延续比较长；如果钟是扁的，敲击时则声的延续比较短。由于延续声比较长，因此圆钟作为乐钟来演奏是不合宜的，在弹奏节奏快的乐曲时前后音会相混，不成音律，扁钟则没有这个困扰。曾侯乙墓出土的编钟就是扁形的。

陶制和木制的钟制作年代久远，距今已有3000年了。铜制的钟起源于商代的铜铃，二者的外形很相似，但钟的形体要大得多，商代最大的铜钟重量已达109千克。编钟是中国古代一种重要的乐器。从西周出土的编钟来看，当时的铸钟技术已经达到了很高的水平。在陕西长安和扶风出土的编钟，其外形美观，比例匀称。特别是山西侯马出土的一组春秋中叶的编钟（9件），其音阶的设置同《管子》中的讲述完全一样。而河南信阳出土的楚国编钟（13件），其音阶跨两个八度，这组编钟的制作年代为春秋末年或战国初年。湖北随州曾侯乙墓出土的战国时期编钟，其制作的年代为楚惠王五十六年（公元前433年）。曾侯乙编钟共65件，并有一件镈（bó）钟（镈钟为青铜制，是古代一种大型单体打击乐器，形制如编钟）。敲击镈钟发出的声响很高，主要是为了烘托气氛。钮钟的顶部有一个钮，形体和质量都比较小，故发音较高，属高音钟。

◎ 楚王熊章铜镈钟顶部（局部）

甬钟的上部为“钲（zhēng）”，下部为“鼓”。撞击鼓部，即可发出乐音。每个乐钟可以发出两个音，因此，这种乐钟也被称为“双音钟”。这是音乐家吕骥和音乐史学家黄翔鹏于20世纪70年代中期发现的。需要注意的是，双音钟的发音部位有两处，即鼓部的正中位置（有2个“正鼓部”）和鼓部的旁侧位置（有4个“侧鼓部”），所敲出的乐音分别被称为“中鼓音”和“旁鼓音”（或“侧鼓音”）。双音钟起源于公元前14世纪—公元前13世纪。20世纪80年代，科学家对古代乐钟进

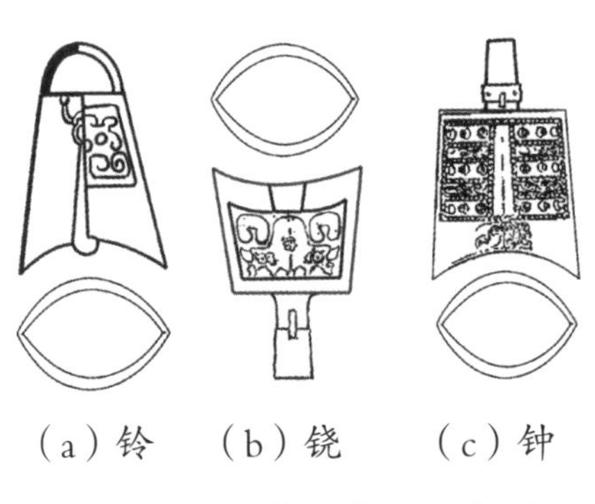

◎ 铃、铙、钟的截面示意图

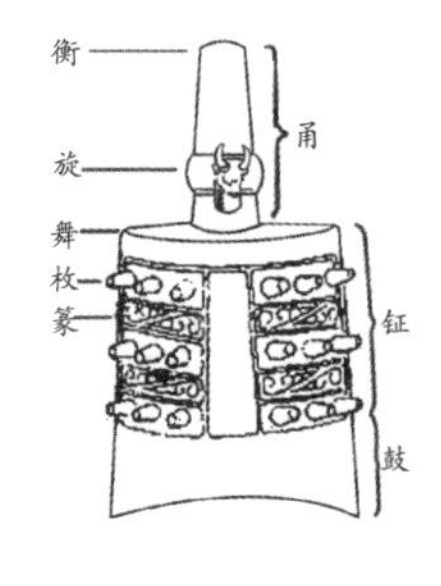

◎ 甬钟各部位名称

行了实验研究，发现了编钟发声的振动规律，并首次揭示了双音钟发声的声学之谜。

关于编钟的制作，在先秦典籍《考工记》中，人们不仅注意到青铜合金的配比，而且对钟形各部分的比例也做了严格的规定，以满足对钟声的要求。对于合金配比，从先秦的铜钟分析来看，锡与铜的比例是$\frac{1}{7}$—$\frac{1}{6}$。

5. 美妙的弦乐音

琵琶在中国的历史非常悠久。唐宋时，像琵琶一样的弹弦乐器被统称为“胡琴”。这时的胡琴既包括拉弦乐器，又包括弹弦乐器，两种演奏方法兼而有之。在唐代，大诗人岑参有诗句“中军置酒饮归客，胡琴琵琶与羌笛”。北宋文学家欧阳修在《试院闻胡琴作》一诗中写道：“胡琴本出胡人乐，奚奴弹之双泪落。”这里的“胡琴”就是一种乐器总的名称，指从少数民族地区传来的乐器。后来，临安（今杭州）的匠人制造乐器常常用丝弦，故丝弦有“杭弦”之称。

◎ 琵琶

到了明代，随着戏剧和曲艺的兴起，胡琴类拉弦乐器有所改进和发展，演奏形式也变得多种多样，例如，由胡琴、箫管和拍板等3种乐器组成的合奏形式。胡琴在明代还传入了朝鲜，成为朝鲜人喜爱的拉弦乐器。

大约在秦朝，开始流传一种圆形的、带有长柄的乐器，为了与当时的琴、瑟等乐器在书写上统一起来，便改称为“琵琶”。据说，“琵”或“琶”是根据演奏乐器的手法而来的，也就是说，“琵”和“琶”原是两种弹奏手法的名称。所谓“琵”是右手向前弹，初名为“批”；

“琶”是右手向后挑，初名为“把”，由此琵琶初名为“批把”。经历代演奏者的改进，形制统一为四弦琵琶。南北朝时，随着中国与西域民族商业和文化交流的加强，中原的音乐家吸收从西域传来的梨形音箱、曲颈、四柱四弦的乐器，出现了曲项琵琶，当时称为“胡琵琶”。曲项琵琶是横抱琵琶，用拨子演奏。现代的琵琶就是由这种曲项琵琶演变发展而来的，把它和中国的琵琶结合起来，研制成新式琵琶。在演奏方法上，改横抱式为竖抱式，改拨子拨奏为右手五指弹奏。魏晋时期，“琵琶”的名称正式进入宫廷，并流行起来。月琴和阮都属于琵琶类。据统计，弹奏琵琶的指法共有五六十种。

在隋唐音乐中，曲项琵琶成为主要乐器，在乐队处于领奏地位，琵琶演奏技法得到了空前的发展，对盛唐歌舞艺术的发展起了重要作用。琵琶音域广，演奏技巧为民族器乐之首，表现力也是民乐中最为丰富的。演奏时左手各指按弦于相应位置，右手戴着假指甲拨弦发音。唐代诗人白居易在《琵琶行》中对琵琶演奏及其音响效果做了非常形象的描述：“大弦嘈嘈如急雨，小弦切切如私语。嘈嘈切切错杂弹，大珠小珠落玉盘。”从“急雨”的说法可以看出，演奏者演奏的速度很快。这说明，琵琶适宜表现一种紧张的气氛。

古时文人的“功课”往往将琴、棋、书、画并称，借此也可视为中华民族传统文化的代表。说到琴的名称，今天的琴是作为乐器中类别的名称，而把古代的琴就改称为“古琴”了。古琴是汉民族最早的弹弦乐器，是中国传统文化中的瑰宝，它不仅历史久远，而且内涵丰富。湖北曾侯乙墓出土的古琴实物距今有2400多年。唐宋以来，历代都有古琴精品传世。

现存从南北朝至清代的琴谱达百余种，琴曲达3000首，还有大量关于琴家、琴论、琴艺的文献，遗存之丰硕，堪为中国乐器之最。

隋唐时期古琴还传入东亚诸国，并为这些国家所汲取和传承。

在《诗经》中，作者曾多次提及古琴。例如，《诗经·周南·关雎（jū）》中的“窈窕（yǎo tiǎo）淑女，琴瑟友之”；在《诗经·小雅·鹿鸣》中的“呦呦鹿鸣，食野之苹。我有嘉宾，鼓瑟吹笙”。可见，至少在春秋时期，古琴已经成为一种非常受人喜爱的乐器。直至今日，中国各地琴友众多，不只是自己弹奏，享受着美妙的琴音，一些琴友还组织起来，定期交流，将传统艺术充分地发扬光大。

古琴琴声平实淡雅，士大夫常借此表现超凡脱俗的处世态度。孔子酷爱弹琴，无论在杏坛讲学，还是受困于陈国和蔡国，操琴弦歌之声不绝。春秋时期的俞伯牙和钟子期因琴而结为好友，并流传着“知音”的故事，成为美谈。魏晋时期的嵇（jī）康评论古琴为“众器之中，琴德最优”，他临终前弹奏《广陵散》，为生命之绝唱。唐代大诗人刘禹锡则在名篇《陋室铭》中写道：“可以调素琴、阅金经。无丝竹之乱耳，无案牍（dú）之劳形”，表现了士大夫超凡脱俗的品格。

关于古琴，还有一些脍（kuài）炙人口的历史传说，流传极广。如卓文君与司马相如之间以琴定情的爱情故事，如诸葛亮巧施“空城计”，在城头弹奏古琴，使魏军撤退的传奇故事。

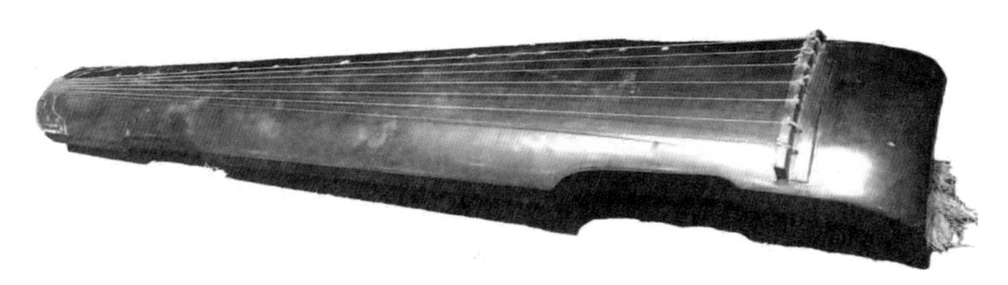

◎ 明代律学家朱载堉亲手制作的古琴

1977年8月，美国发射“旅行者2号”探测器，其中放置了一张白金唱片，包含了从全球选出的艺术名篇，其中收录了著名古琴大师管平湖的古琴曲《流水》。这首古曲作为探寻地外智慧生命的使者，到茫茫宇宙寻求新的“知音”。

唐代的制琴高手有很多，雷氏家族中名家辈出，有雷威、雷霄、雷文、雷珏、雷远等。此外，文献记载的名家还有张越、郭高、沈镣等。可惜除雷氏琴外，大多数的古琴都没有传世品。

古琴之所以能产生美妙的乐音，也与它采用的乐音算法（被称为“琴律”）有很大的关系。这使得古琴的乐音与别的弦乐器很不同，它承载着古老的音乐文化，恒久流传。

◎ 天坛

6. 天坛的回声效应和普救蟾声

明代永乐年间（公元1403年—1424年），朝廷从南京迁到北京，在北京的南郊建造了天坛，天坛的祭祀建筑是祈年殿和圜（yuán）丘，辅助建筑还有斋（zhāi）宫和皇穹（qióng）宇等。

天坛为帝王祭祀皇天、祈五谷丰登之所。但天坛驰名中外，还跟它的4种奇妙的回声效应关系密切。

第一个是回音壁的回声效应。回音壁是皇穹宇的围墙，圆形，高约3.72米，厚0.9米，半径为32.5米。在皇穹宇的北边是供奉牌位的主殿，主殿与围墙之间最短的距离为2.5米。

整个围墙的表面非常光滑，是很理想的声音反射面，因此就有了“回音壁”的美名。当位于甲位置的人贴近围墙小声说话时，声音就会沿回音壁传至乙位置的人。由于主殿的遮挡，声波沿回音壁的传播受到一定的限制，即当声波与围墙切线的交角小于22° 时，声音可沿回音壁递次反射到乙处；当交角大于22° 时，声音传至主殿近处时就受到主殿散射，声音就不能沿回音壁继续传播了。这就是说，22° 角是一临界角，交角大于22° 的声音将不会从甲位置传到乙位置。

声音为什么不能从甲位置径直传至乙位置呢？这是由于声波通过空气直传衰减得快，而沿墙壁反射衰减得慢，因此直传声很快就衰减掉了，而沿回音壁反射衰减较慢，乙位置可以收听到甲位置的声音。

第二个是三音石的回声效应。从主殿出来下台阶，踏上甬路，数到第3块石板，站在上面拍手掌可以听到3次回音，这块石板就被称为“三音石”。

为什么站在第3块石板上能听到回声呢？这是由于回音壁和东西配殿作用的结果。具体地讲，当击掌的原声传至东西配殿后再返回到“三音石”，这就是人们听到的第1次回声。当击掌的原声传至回音壁，再返回到“三音石”时，人们就听到了第2次回声。而第2次回声再次到达回音

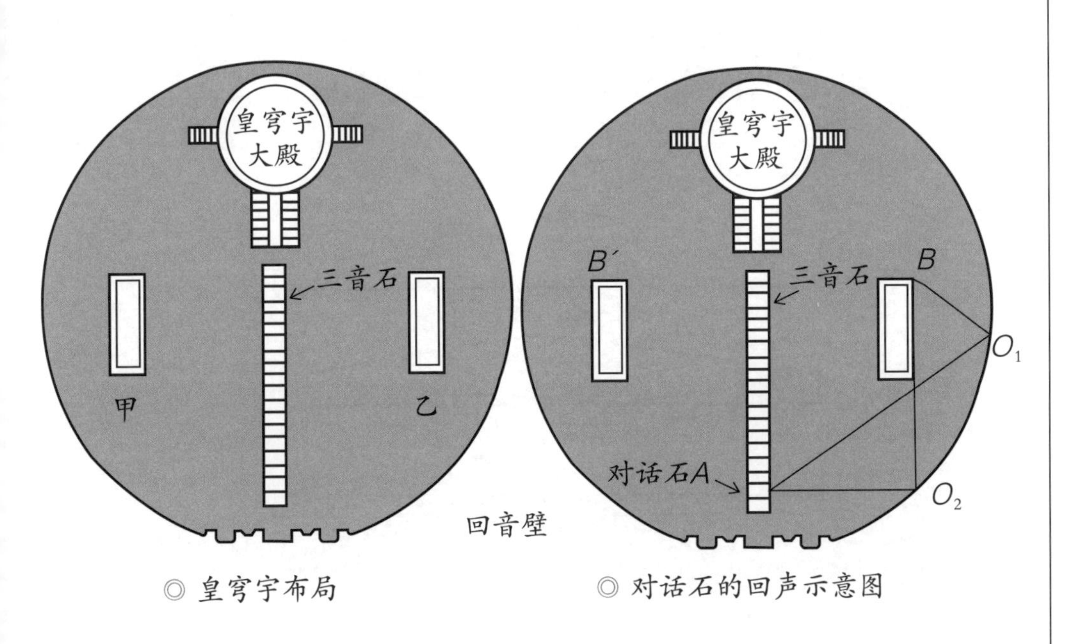

◎ 皇穹宇布局

◎ 对话石的回声示意图

壁后反射到“三音石”，人们就会听到第3次回声。

现场的测试表明，踏上甬路的第1块石板，人们击掌可以听到1次回声（“一音石”）；踏在第2块石板上击掌，可以听到2次回声（“二音石”）；踏在第4块石板上击掌可以听到4次回声（是否可以命名为“四音石”）；踏在第5块石板上击掌也可以听到3次回声（这说明有两块“三音石”）。

第三个是对话石的回声效应。“对话石”的回声效应是1994年发现的，“对话石”是皇穹宇前甬路上的第18块石板。当一个人站在这块石板上面（前页右图中的A处）轻声说话时，站在东配殿东北角（前页右图中的B处）的同伴可以清楚地听到其说话声。其实他们两人彼此是看不见的，并且二者相距30多米。从实验分析中可以发现，从对话石上发出的声音是经过回音壁反射至B点的，并且只有O_1—O_2之间的声音才能到达B，即声波经过回音壁“有效墙壁”（O_1—O_2）的反射和汇聚到B点的。由于东西配殿对称分布，在西配殿的西北角（B'）也能听到A处的说话声。

第四个是圜丘的回声效应。圜丘位于皇穹宇的南面，是一个3层的圆形石台，每一层都铺有光滑的石板。最高层离地面约5米，半径11.9米，

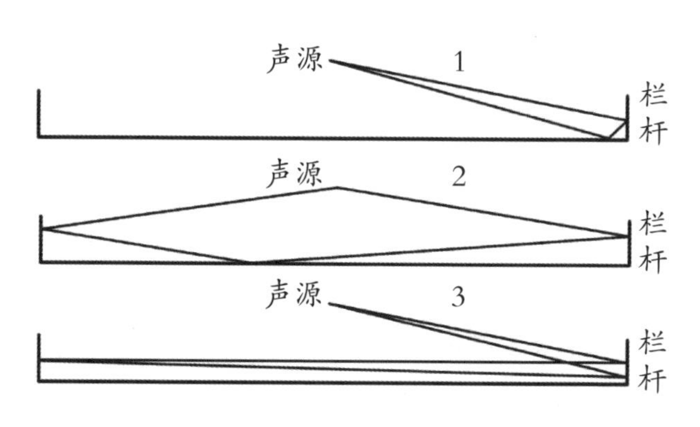

◎ 圜丘的回声示意图

中心是一个圆形的石板，名叫“天心石”。每层圆台周围有石柱栏杆。

站在中心的石板（“天心石”）上讲话，会有增音的效果。经过测试发现，从“天心石”发出的声音，由于石栏杆和（石）地面的反射作用，在“天心石”上可以接收到3个回波（但第3个回波很弱，可以忽略不计），其中两个回波经过与原声混合后，可以使声音变得更加浑厚和悦耳，强度也提高了。

天坛的回声效应使天坛的名声更加远播，其实，这种声学效应并不神秘，其中的科学原理也不复杂，有兴趣的读者可以去天坛的现场验证一番。

位于山西省南部的永济市蒲州古城东3千米的普救寺名声很大。元代著名剧作家王实甫的《西厢记》描写了普救寺中张生与崔莺莺的爱情故

◎ 普救寺莺莺塔

事，因为这个故事，普救寺中的一座舍利塔被称为“莺莺塔”。在普救寺中，最为奇特的就是莺莺塔的回声效应了。

莺莺塔在普救寺西侧，古朴端庄，是座空心砖塔，初建于武周之时（公元690年—705年）。莺莺塔全塔13层，高37米。7层以上明显收缩，使整个塔显得更加灵巧。塔内各层之间还有甬道相通，人可上至9层。

在塔的附近以石相击，人们在一定位置便可听到“咯哇、咯哇”的回声，类似青蛙或蟾蜍（俗称癞蛤蟆）鸣叫。相传是匠师筑塔时安放金蛤蟆在内所致，其实是各层塔檐的特殊倾角造成的。

莺莺塔回廊西侧外有一个击蛙台，这是击石的最佳位置。台下不远的山坡上有一座小亭，名叫蛙鸣亭，这里是听类似青蛙鸣叫回声的最佳地点。这一回声使千年古寺获得了“普救蟾声”的美名。

莺莺塔的回声可分为3种：

在距塔10米处击掌或击石时，听不到回声，而在距塔30米外能听到它的回声，而且这些回声好像是从砖塔上空传出来的。

在距塔15米处击掌，听到的蛙声好像是从塔底传出的。

在距塔20米处击掌，可以听到从塔上空传来的蛙声，而且可以在一个较大的范围内听到回声，这个范围是从塔前4米到100米。

此外，在塔前一侧击掌，在另一侧的对称位置也能清楚地听到回声，而别的地方则听不到。而距塔2.5千米的村庄的锣鼓声和歌声在塔下也可听到，远处村民的说话声也可被塔聚敛放大。

造成这些回声效应的原因是：塔内部中空，相当于一个使声音放大的空腔；砌筑塔外檐的砖使整体形成一个内凹的弧形，有利于声波的汇聚。由于每层塔檐的圆弧状均按一定比例收缩，使声波可以汇聚到一定的区域。因为有这样的塔内构造和塔外形状，才能保证有如此奇妙的声学效应。

类似的声学效应建筑，还有河南省郏县境内的“蛤蟆塔”和重庆市潼南区大佛寺的“石琴”。“蛤蟆塔”和“石琴”，连同天坛的回声建筑和莺莺塔一起，被称为中国的四大回声建筑。此外，在一些地区也有回声建筑的发现，如云南大理市的崇圣寺，其三塔也有回声效应。

由于这些回声效应都发生在建筑上，又多在寺庙内，使得这些建筑具有了一种神秘性。其实，从现代声学的角度看，这只是一种声学现象，但它们依然赋予了人们一种科学的趣味性。

7. 奇妙的鱼洗和神奇的地听器

◎ 鱼洗

“洗”在古代特指一种盛水、洗涤的盆形器皿，用途和现在的盆差不多。从材质上来说，有铁洗、铜洗、陶洗和木洗等。洗的底部通常刻有4条栩栩如生的鲤鱼，鱼嘴处的喷水装饰线从盆底沿盆壁辐射而上，所以称为“鱼洗”。

鱼洗的底是扁平的，盆壁自然倾斜外翻。盆沿左右各有一个把柄，称为双耳。在鱼洗中放入适量水，然后用双手去摩擦鱼洗双耳的顶部。随着双手同步摩擦，水柱从鱼洗的4个鱼嘴处喷出。继续摩擦鱼洗双耳，水花会喷溅得更高。在喷水的同时，鱼洗还会发出声音。

浙江省杭州虎跑寺和杭州博物馆的“阴阳鱼洗盆”，是比较珍贵的藏品。由于鱼洗的观赏性比较高，我国很多博物馆和旅游景点都有鱼洗（复制品）供游客赏玩。

鱼洗能喷起水柱遵从着什么原理呢?

当双手摩擦鱼洗的双耳时，鱼洗因为受到外力的作用而发生受迫振动。4条鱼的嘴被雕刻在振动最强烈的地方，让人们产生一种错觉，以为鱼洗中刻画的鱼突然间喷出水柱，非常有趣。

喷水鱼洗的起源年代现在还不能完全确定。关于喷水鱼洗的最早文字记录，见于北宋何薳（wěi）所写的《春渚纪闻》中，其中提到了后晋皇帝石重贵向辽主进献鱼洗的故事。

我国少数民族地区也曾发现过类似喷水鱼洗的器皿。

清末民初的徐珂编成《清稗（bài）类钞》一书，记述了该器物的形制：外形像一个平底锅，重十余斤，上大下小，两耳有鱼形纹。徐珂还说明了其声学性能：摩擦鱼洗的两耳，即发声如风琴、如芦笙、如吹牛角，声音嘹亮，方圆几里都可以听到。尤其引人注意的是，徐珂在《清稗类钞》中明确提到该铜锅得自于苗王，表明我国少数民族的匠师也具有非凡的智慧，也可能独立发明鱼洗。

中国古代鱼洗用于演示振动很形象，类似能够生动演示振动的还有“克拉尼沙图”。近代“声学之父”德国声学家克拉尼在研究金属板振动时，在板上撒了薄薄的一层细沙，他据此画下了“克拉尼沙图”。可惜，他没有看见中国的喷水鱼洗表演，否则，他可能会以此画下物体振动的“水图”。

古人很早就发明了一种利用共鸣原理放大声音的装置——地听器。

在古代战争中，通常需要攻破敌方的城池，挖地道则是一种常见的攻城战术。守城的一方需要尽早发现敌人挖地道的方位，以避免被攻陷。于是古人便发明了战场监听设备——地听器。

◎ 地听器

最早设计地听器的是先秦科学家墨子，他和他的弟子设计了3种地听装置，并用于侦听。其中一种是在城里打井，相邻的井之间的距离约为“五步”。这些井都在城墙基础的根部，比较深，并且要挖掘到能看到水时才停止。他们在井中放置一些很大的陶瓮（wèng），在瓮口蒙上皮革并使其绷紧（就像鼓一样），让一些听力很灵敏的人附耳在皮革面上细听，并判断出敌方挖掘地道的位置。确定后，就派人挖地道去迎击敌人，从而破坏敌人的偷袭计划。

唐代的学者李筌也记录了“地听”的方法。他说，在城中8个方位上挖井，各深2丈（唐代1丈约为3米）。再令人在井中放置新瓮，人坐在井中听声音。这些声音传到瓮中，就可以辨别出方位和远近。借助这样的方法，能听到城外500步之内是否有敌人挖掘地道。与《墨子》中的记述相比，这里有了一些改进。

宋代的曾公亮也记述了两种侦听技术——“瓮听”和“地听”，并做了一些区分和改进。“瓮听”范围很大，覆盖在地道之内，选择耳朵灵敏的人坐在瓮中听，借此来防止凿地道的人偷袭。“地听”则是在城内8个方向上挖地穴，像井一样，深度达到2丈（宋代1丈约为3米），不要出水。在地穴中放置新的瓮，人坐在其中听之。只要是“贼”军达到离城几百步以内，根据他们挖地道时发出的声响，便可知敌人的方向和远近。在听声辨别清楚后，就可以“凿地迎之”。

明代的军事技术专家茅元仪也有类似的记载。可见，这种“地听”和“瓮听”的技术一直在战争中得到应用，并且不断得到改进。20世纪，人们在河北雄县发现，在宋、辽、金战争中，甚至冀中军民在抗日战争中开展地道战时，也都使用了“瓮听”技术。

“瓮听”的装置要用大瓮，在城中设置是可行的，但在行军之中多有不便。为此，人们进行了改进——使之小型化。如李筌记述了一种空心枕，叫胡簏（lù，也有叫胡鹿），可在军中挑选一些不贪睡的士兵，让他们枕着这种特定的空心枕头，如果“有人马行三十里外，东西南北皆有响见于胡簏中”。李筌还指出，最好用“野猪皮”缝制胡簏。

北宋曾公亮和沈括都记述了这种小型的地听装置，而且沈括记录的装置极其简单。他说，可用牛皮制作箭囊，在宿营睡觉时可用来作枕头，利用它中间空虚，贴着地面枕它时，可以听到数里之内的人马声，这是因为箭囊中空能够接收声音。沈括试图从原理上说明，这种枕头一定是“中虚”的。沈括还强调，“地听”利用了中空的物体可以收纳声音的原理，箭袋中空气柱能把远处传来的声放大。

明代的揭暄还提出一种陶瓷制的地听器，即“烧空瓦枕，就地枕之，可闻数十里外军马声”。

由此可见，地听器（包括瓮听器）是一种极其重要的侦听装置，受到历代的技术专家的重视，并被不断改进和发展。

类似地听的现象在自然界也有所表现，也受到人们的注意，如北宋的诗人张耒（lěi）有一首《夏日》：

长夏村墟风日清，檐牙燕雀已生成。
蝶衣晒粉花枝舞，蛛网添丝屋角晴。
落落疏帘邀月影，嘈嘈虚枕纳溪声。
久斑两鬓如霜雪，直欲渔樵过此生。

从这里的“嘈嘈虚枕纳溪声”的句子可见，诗人能听到溪水的“嘈嘈”声，就因为他使用的枕头相当于一个地听器。

◎ 石钟山

8. 探索石钟山之谜

在自然界中，人们习惯了风声、雨声、雷声、流水声……大自然中也有一些能产生奇妙声响的山石、水潭，在我国第一部记述水系的专著《水经》中，就有对山石鸣响的记载。北魏郦（lì）道元对《水经》作注，写出了《水经注》。他指出，石钟山是“下临深潭，微风鼓浪，水石相搏，响若洪钟”。郦道元强调，由于水击山石，发出声响，这种“响若洪钟”的效果自然会引起人们的注意。这个石钟山位于江西九江市湖江县，在长江与鄱（pó）阳湖的交汇处。

后来，曾任唐朝江州刺史的李渤在此地考察过一番。他说自己在此地垂钓的时候，在山上发现两块石头，这两块石头倾斜在岸边，在水波中倒映。敲击这两块石头听声音，南边的石头声音重浊而含糊，北边的石头声音清脆而响亮。李渤认为，这两块石头因石质不同，而发出不同的声响。

对于声音的特质，李渤的结论较为草率。他还指出，潭水润泽山石，山石因此蕴含着“英”气，这些气质的凝聚，发出“至灵”的气和优美的声响。

宋元丰七年（公元1084年），大文学家苏轼送长子苏迈到江西德兴县赴任。他们途经湖口，便也登临石钟山赏玩。苏轼试图搞清楚“石钟”声音的由来。在一个月明之夜，他与苏迈一起乘坐一艘小船，行进在绝壁深潭之间。他们发现，在绝壁之下，有很多狭缝，水从这些狭缝流进流出，由于水流的冲击，便产生了“镗鞳”（táng jiān，敲击锣鼓的声响之意）的声响。他写了《石钟山记》的名文，批评郦道元的考察过于草率，讥笑李渤的研究过于简单。其实，苏轼的结论也并非十分妥当，但是，这种实地考察的精神是值得提倡的。

明代的罗洪先和清代的彭雪琴对苏轼的看法提出了批评，认为苏轼对石钟山的研究太过粗浅，导致研究的结果仍不准确。罗洪先和彭雪琴也先后对石钟山进行过深入的探索。他们先后发现，苏轼六月造访石钟山，适逢水涨，并未见到石钟山的全貌。而罗洪先和彭雪琴都是在冬春季节到达石钟山的，这时正值江水下落，使山石裸露了出来。他们发现，石钟山发出声响的真正原因是，山的底部中空，就像钟放到地上，因此得名石钟山。这也符合沈括的“取其中虚”的说法。至此，石钟山的谜团终于解开了。

第三篇

光学

光学被公认为我国古代物理学中发展较好的学科之一。工匠的经验与学者的探索，一起构成我国古代光学发展的源流。影子的形成机理，小孔成像的原理，平面镜、凸面镜和凹面镜的光学成像特点，这些知识的发现都远早于世界其他国家。同时，这些光学成就均来自对自然现象的观察和生产经验的总结。

1. 世界上最早的潜望镜

早期的“镜子”常常就是水池，或能盛水的石器和陶器等，古人借助平静的水面映照自己的形象。后来在室内也多用水面照影，但要用一种名为“鉴”的盛水的青铜器。

在4000年前，中国已有了青铜镜。汉代人改称鉴为镜，鉴和镜都是借助光的反射的原理来映照物体，并形成像。汉魏时期，青铜镜逐渐流行。最初青铜镜较薄，多为圆形，还带着凸缘，背面有饰纹或铭文，镜背的中心处有半圆形钮，用以系绳（可悬挂或带在身上）。

◎ 青铜镜

青铜镜的青铜是一种合金，主要成分是铜、锡和铅。在青铜器时代，人们积累了丰富的青铜冶铸经验，并认识到合金的不同成分会影响青铜器的性能和用途，因此要控制好铜、锡、铅的配比。在工程技术名著《考工记》中记载，制作镜子的合金配比是铜与锡各一半，这样的含锡量可以增加磨制后表面的光洁度。先秦时期的青铜镜铸造技术已经很成熟了。

明代，国外的玻璃镜传入中国，清代乾隆（公元1736年—1795年）以后玻璃镜逐渐普及。

分布在黄河上游地区，距今4000多年的齐家文化（属新石器时代晚期）遗址中就有不少铜镜出土。春秋战国时期，人们使用铜镜已经成为一种习俗了。

墨家对于平面镜的研究是比较深入的，例如，如果把平面镜放在平地上，人站在镜的一侧，所成的像是倒立的；镜子反映的物体很多，但观察者看到的却很少，这是由于镜面小；物与像到镜面是等距离的；物与像的对应关系也是点点对应。

平面镜还可以组合起来使用。西汉淮南王刘安和他的门客曾做出一个奇妙的设想：把一面镜子悬挂在高处，在镜子下面放一盆水，就可以看到周边的情况。这种装置的结构简单，但可看成是世界上最早的潜望镜。这个装置只是用到两面镜子的组合。

我国古人不仅创制了潜望镜，而且对潜望镜的原理也有一定的认识。刘安以后，北周文学家庾（yǔ）信第一个将这种“悬镜”写入诗中，使“悬镜”技术广为流传。庾信在《镜诗》中写道：

玉匣聊开镜，轻灰暂拭尘。
光如一片水，影照两边人。
月生无有桂，花开不逐春。
试挂淮南竹，堪能见四邻。

日食现象是由于光沿直线传播形成的，直接观看太阳会灼伤眼睛。为了避免直视强光伤眼，至少在公元前1世纪，汉代学者京房已经采用水盆反射法观测日食（水盆照映），宋代又改用油盆（乌盆观日）观测。元朝郭守敬用小孔成像法准确测量了食分（食分是指发生日食或月食时，日、月被遮蔽的程度）。

隋唐时期，有一位名叫路德明的学者，他在《经典释文》里对《庄子》的注文中指出，一面镜子的反射光线遇到另一面镜子，就变为入射光线，又会发生再一次的反射；在两镜之间，光线经过几次反射，镜中不仅有实物的像，还有像的像，因而能看到许多的像。

早在晋代，大学者葛洪曾提出一种“四规镜”。这是在房间四面装镜，人在房中就可以看到许许多多的像，并都是自己的像。南唐的一个道士谭峭也注意到，“以一镜照形，以余镜照影，镜镜相照，影影相传”。估计，古人看到这样的影像，一定会很惊讶的。

2. 老屋怪影

北京电视台科教频道“魅力科学”栏目曾经播出一期节目——《老屋怪影》，说的是河南省永城市薛湖镇的一间百年老屋中的事。50多年前，屋主人一觉醒来，发现屋内墙壁上有人影来回走动。弹指一挥间，50多年过去了，神秘的影子还是经常出现，惊现鬼影的事也被传得沸沸扬扬。巧合的是，屋主人家的喜事接二连三。各种猜测纷至沓来，有的人甚至认为是神秘的影子在暗中保佑主人，十里八村前来观看老屋怪影的人络绎不绝。

其实，这一切并非有什么“怪”，解释“老屋怪影”的现象需要从墨子和小孔成像说起。

在《墨经》中，墨子进行了世界上最早的小孔成像的实验。墨子还给予了准确的解释。《墨经》中是这样描述的：

物体的投影之所以会出现倒像，是因为光线是直线传播的。在针孔的地方，不同方向射来的光束互相交叉而在屏上形成倒影。照射在人身上的光线，就像射箭一样。照射在人上部的光线，则成像于下部；而照射在人下部的光线，则成像于上部。于是，直立的人通过针孔而成的像，便成为倒立的。物体反射的光与影像的大小同针孔距离有关系。物距越远，像越小；物距

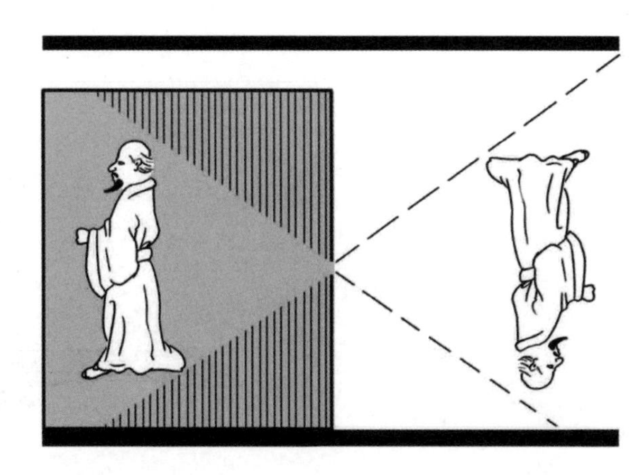

◎ 小孔成像示意图

越近，像越大。

摄影术的发展首先是从照相机的发明开始的，而照相机的发明又与人类对小孔成像的研究密不可分。因为物体经小孔成的像，不仅可以用像屏来承接，还可使照相底片感光，早期人们利用小孔成像的原理制成针孔照相机。

回到文章开始提到的老屋怪影，其实并不神秘，这是常见的小孔成像现象。我们经常在树荫下看到一个个小光斑，当日偏食出现时，圆形的光斑就变成了一个个小月牙，这些光斑的形状并不是树叶间缝隙的形状，而是太阳的像。

这间老屋墙壁上之所以能够成像，是因为屋子里的两个通风口的位置和大小开得恰到好处，在与周围光线达到合适角度的条件下，远处景象的倒影就会呈现在老屋墙壁上。所以，这一切都是巧合。主人在建造房子时，绝对没想到要设计一个小孔成像的房子。因此，其他人家的房子虽然也有这样的两个通风口，却无法形成如此神奇的影像。

小孔成像实验操作简单，读者在家里就可以做。首先，在桌面上放一张白纸做光屏，把一片中心戳有小孔的硬纸片放在白炽灯和光屏之间，并固定在支架上。然后合上电灯开关，即可在光屏上看到灯丝的像，且像的开口处与灯丝的开口处方向相反，说明像是倒立的。若向上或向下移动小孔的位置，像的大小也随之发生变化。

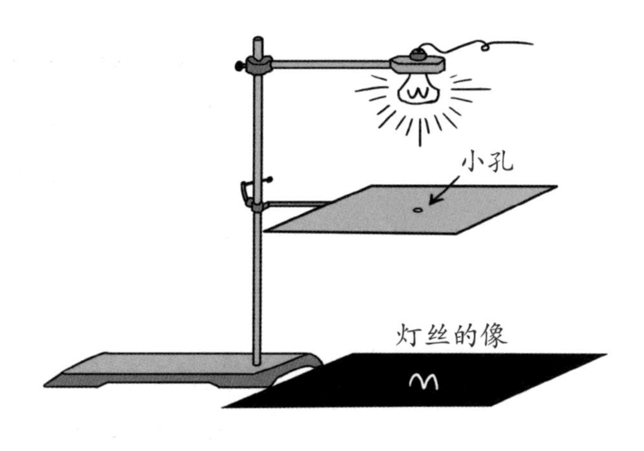

◎ 简易小孔成像实验

3. 解开青铜镜透光之谜

透光镜缘起于西汉早期，古籍中已有记述。上海博物馆中珍藏着4面汉代的透光镜，其中一面镜子的镜面微微凸起，镜子背面的中央有一个圆钮外鼓着。镜背的图案中有一圈铭文，内容是“见日之光，天下大明”。为此，这面铜镜就被称为“见日之光”镜。

除了与普通的镜子一样可以映照人面之外，这面镜子最为神奇的地方，是它还有“透光”的性能。

这是怎么回事呢?

先进行一个光学演示实验。用日光或手电光照射“见日之光”镜，把镜面的反射光投映在一面白墙之上，就可以清楚地看到这枚铜镜背面的图案。从投映的图案来看，好像是光穿过镜体，使背面的图案通过镜体到达镜面，再投映在墙面上。而这正是透光镜的神奇之处。

其实，这种透光镜早在北宋时期就受到了学者们的注意，大科学家沈括就对此有所研究，并把他的研究成果和观点记录在《梦溪笔谈》中。他注意到，有一种透光镜，铜镜背面有铭文，共20个字，字体非常古老，没有人能读懂。用这面镜子对着太阳光，镜子背面的花纹和20个字都会反射在墙壁上，非常清楚。沈括认为，铸镜时有纹处较厚，冷却较慢，收缩较小；无纹处较薄，冷却较快，收缩较大。因此，细看上去，镜

◎ “见日之光”镜

面上隐隐约约有痕迹。

沈括的看法对后世的影响较大，像清朝中期的科学家郑复光就支持沈括的观点。但也有学者存在不同的看法，元代吾衍提出了另一种说法——“补铸法”。他认为，用刻刀在镜面上刻出与镜子背面相同的图案，再用不同的铜 “补铸”在刻的缝隙内，平整之后就能将镜子背面的图案反射成像。明末清初的方以智是支持吾衍的说法的。

在明代，透光镜传入了日本，日本人称之为“魔镜”。19世纪，透光镜又经印度传入了欧洲。1844年，法国物理学家阿拉果把一面透光镜送给法国科学院，引起了欧洲科学界的关注。1964年，在日本一次国际会议上，日本人展示了对铜镜神奇的“透光”功能的研究成果，与会者非常惊讶。日本匠人采用的是吾衍的方法，在镜面形成浅浅的与背面一样的（图案）痕迹。

几千年来，中国各种行业的工匠发明创造出了很多工艺技术和产品，可惜很多都没有流传下来，透光镜也是如此。宋代以后的铜镜就没有发现有透光现象的。上海博物馆收藏了上万面铜镜，发现有透光现象的只有4面，而且都出现在汉代。

显而易见，历史上制造透光镜的方法应该有很多种，但是无论哪一种方法都需要非常精巧的工艺。1975年9月，上海交通大学盛宗毅提出透光镜“铸磨法”，即“铸造成型、研磨透光”，并根据此法成功复制出西汉透光铜镜。至此，科学家用科学的方法解释了我国古代透光镜的“透光”原理和透光镜镜面的成型机理。1978年3月18日—31日，全国科学大会在北京召开，西汉透光铜镜的复制项目受到表彰。

◎ 皮影戏

4. 光照与皮影戏

影戏（又称“灯影戏”或者“皮影戏”）是中国传统的戏曲艺术，人们用纸张或皮革剪成各种形象，操作这些剪好的纸样或皮样来表演，并用灯光映于幕布上。皮影戏不仅是我国民间艺术中最具广泛性和综合性的艺术，在展演方式上还蕴含着奇妙的光学原理与杠杆原理。

剪纸素来与皮影有缘，陕西人就称皮影戏为“隔纸说书”。在唐代，佛教人士利用纸影的形式，用活动纸人的图像来宣扬佛事，称为“纸影演故事”。

手影戏和纸影戏只是影戏的雏形，皮影戏的用光和形象设计就较为成熟了。皮影戏通常在夜晚的露天场合演出，一个简单的戏台，在布幔后昏黄的灯光下，几个艺人操纵表演皮影的道具，在屏幕上投出影像，并伴有唱词。

传说，在汉文帝（公元前179年—公元前157年在位）时，幼年的太子刘启（后来的景帝）常常啼哭不止，大家都为此苦恼不已。一次，有位宫女偶然发现，小刘启盯着窗外树叶投在地上的影子出神，不但不啼哭，还很高兴。于是，宫女们用树叶剪成各种人物、动物的样子，用烛光在白布上投出它们的影子，去哄刘启。由于树叶易干枯，难以存留，后来宫女们就用牛皮制作道具，其韧性好，易收藏，皮影也由此而生。另据记载，汉武帝（刘启之子刘彻）思念刚刚去世的李夫人，为了让汉武帝看到李夫人的形象，一位名叫李少翁的“方士”，就“夜张灯烛，设帷帐”，让汉武帝在另一个帐幕之内远远地看幕上的影像。李少翁挑选长得像李夫人之貌的“好女”，模仿李夫人的坐相和步态，并且，由于影像很传神，使武帝真假难辨，以解相思之苦。在帷帐投下这样的影像已构成了影戏的雏形。

传说，在唐代的后宫里，一些人用纸剪成人像，再用颜色描绘服饰，勾画脸面，这种“纸人戏”也引起了唐玄宗的称赞。后来纸人戏流传到民间，逐渐形成了真正的影戏。

到宋代，皮影戏就很流行了，每逢节庆之日，在街头巷口都会摆设影戏棚子，来表演影戏。搞皮影的匠人“以羊皮雕形，用以彩色妆饰，不致损坏”。皮影戏将忠奸斗争体现在表演中，渗透到人物造型上，在雕刻影人时运用了态度鲜明的褒贬手法。大人和小孩子都喜欢皮影，“每有放映（影），儿童喧呼，终夕不绝”。据记载，演员在表演三国戏时，有一位富家子弟看得十分入戏，完全沉浸在剧情当中，每次看到斩杀关公的时候他都不忍心，请求表演影戏的艺人暂缓刑期。

到南宋时，表演影戏的人也随难民南渡，先到杭州，继而辗转到湖北、湖南、广东、广西、安徽、江苏等地。

从元明开始，各个地方都有了皮影戏，名称和表演形式也各有不同，如陕西皮影、唐山皮影、北京皮影、湖北皮影、四川皮影、云南皮影、东北皮影等。

元代，皮影戏随蒙古人远征传到了南亚。一位波斯历史学者曾说："当中国成吉思汗的儿子在位的时候，曾有演员来到波斯，能在幕后表演特别的戏曲，内容多为中国人的故事。"这就是影戏。明代万历年间（公元1573年—1619年），皮影戏传到土耳其后，当地艺人吸收了皮影戏的形式，并发展为本国的影戏，还创造出很多人物形象，最有名的是"卡拉格兹和哈吉瓦特"。土耳其人很喜欢"卡拉格兹"这个人物，因此，土耳其的皮影戏还有"卡拉格兹"的别称。在安卡拉等一些大城市中有时还举行"皮影戏周"。

18世纪中叶，影戏还传到欧洲各国。世界各国的艺术家对中国的皮影戏表现出了浓厚的兴趣。1767年，法国人把中国的皮影视为"宝贝"并带回法国。1774年，德国大文学家歌德把中国皮影戏介绍给德国观众。1781年8月28日，歌德在他生日当天主持了皮影戏的演出。

1927年，在德国举行的万国展览会上，中国留学生演出了皮影戏《喜相逢》，轰动一时。1975年，美国人乔·享弗莱女士，创办了"悦龙皮影剧团"。

皮影戏2011年入选人类非物质文化遗产代表作名录。可以说，皮影戏是一种集光影技术、绘画、雕刻、音乐、歌唱、表演于一体的综合艺术，是科技与艺术相结合的典范。

5. 小儿辩日

在同一天里，太阳使地球上早晨和中午的气温有很明显的差别，甚至还能看到早上的太阳表面积显得较大，中午时显得较小的现象。在古代，这成为一个很有趣又很难解释的光学问题。

相传，有两个小孩为这个光学问题而争论不休，甚至曾经难倒了大思想家孔子。

孔子到东方游历，见到两个小孩在争辩，就问他们在争论什么问题。仔细一听，似乎问题并不复杂。一个小孩认为早上的太阳像车盖一样大，中午时它又小得像一个盘子。对于同一物来说，远的物体看上去应该显得小些，近的物体应该显得大些。因此，早上的太阳离得近，中午的太阳离得远。另一个小孩认为，早上的太阳有清凉的感觉，午时它又像手伸进热水里一样热。依据有关冷热的经验可知，对于同一热源来说，离得较近时人会感觉较热，离得远时则会感觉不到它的热。据此来判断，早上的太阳离得较远些，中午时离得较近些。

两个小孩判断太阳远近的前提都是真实的。但是，为什么他们得出的结论却是矛盾的呢？这个问题连孔子都不能做出正确的回答，还受到了两个乳臭（xiù）未干的小孩的嘲笑。

这就是著名的“小儿辩日”的故事，也可视为有关“太阳（远近）”的一个问题。“小儿辩日”的问题是很有意义的，这也自然受到历代学者的重视。由于在一些儒家书籍中有所流传，因此也将“小儿辩日”称为“儒者辩日”。

汉代的学者桓谭认为，太阳到达天顶时比处在地平线时要远些。东汉的王充则从视觉上加以说明，在中午时天空很亮，太阳就显得小；在黎明和黄昏之时，背景较暗，太阳就显得大。就像一个同样的火炬，在夜间看时，就显得大，在白天看时，就显得较小。王充从亮度上的分析是较合理的。

东汉大科学家张衡认为，不管是白天或黑夜，日地间的距离是不变的。他的理由是：落日之时（也包括日出之时），天较暗，但仍能看到太阳的余光。由暗的环境看明亮的东西，这种光线直射过来，看上去比较大。由亮的背景看明亮的东西，明亮的背景好像使光线被夺走，因此东西看上去像变小了。同样，这就像在夜间看火光，黑夜的背景使光亮的东西显得更加亮，但在白天看火光，并不显得很亮。张衡把早晨和中午太阳的变化归于视错觉也是有道理的。

这里还涉及大气消光的现象。对于大气消光现象，晋代学者郭璞指出，黎明和日落时的太阳，受到大气的影响，看上去显得朦胧和模糊。此后，人们一直注意大气的影响，并加以研究。

一般来说，造成眼睛的错觉的因素有几种，这里只介绍3种。

光渗作用。如图所示，尽管圆形*A*和*A′*等大，但是视觉上看深色的*A′*比白色*A*要大一些，即深色的东西有较强的扩张感。这在光学上是一种光渗作用。张衡的解释大致符合这种观点。

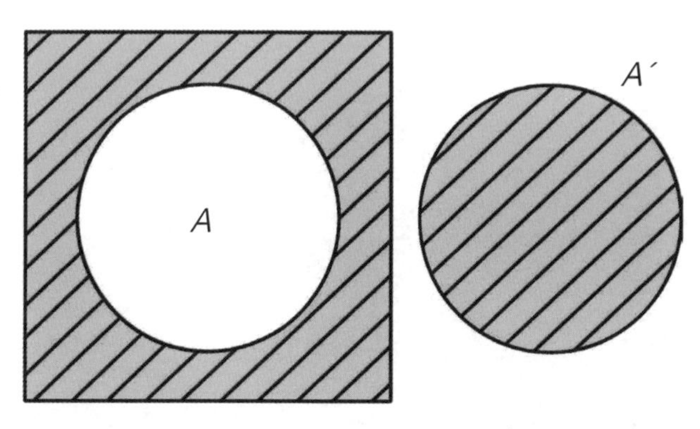

◎ 光渗作用示意图

视天穹效应。如图所示，人们站在旷野之中极目远望，万里晴空就像一只大帽子盖在大地的平面之上，这个大帽子被称为“天穹”。在黎明和黄昏时分遥望天际，天与地的交点与观察者所处的位置连成一线，这条线叫地平线。通常观察者觉得，地平线天际的“尽头”比天顶要遥远。太阳在天穹上的大小如*A′*、*B′*、*C′*……是相同的，但在视天穹上的*A*、*B*、*C*……则不同，接近地平线时显得大些。对于月亮来说也如此。

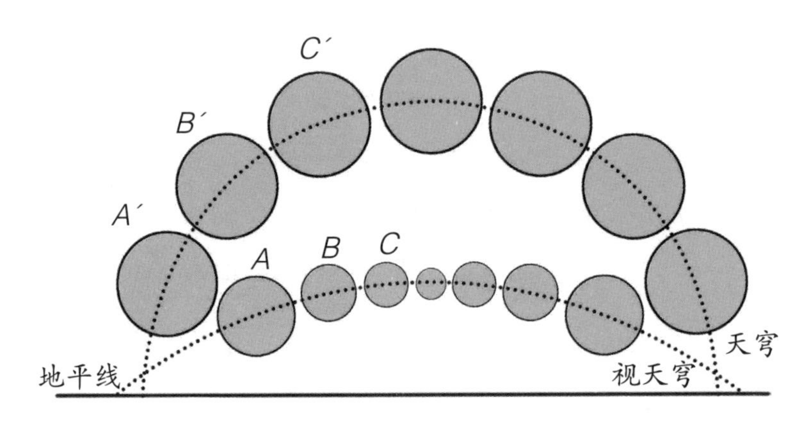

◎ 视天穹效应示意图

相对感觉造成的错觉。如图所示，*A*与*A′*大小相同，但*A′*要显得大些。黎明与黄昏时的太阳只占一角天空，且有较小的树木房屋作衬，太阳显得较大；而中午时，太阳处在天顶，且只有较大的天空作衬，太阳就显得较小。

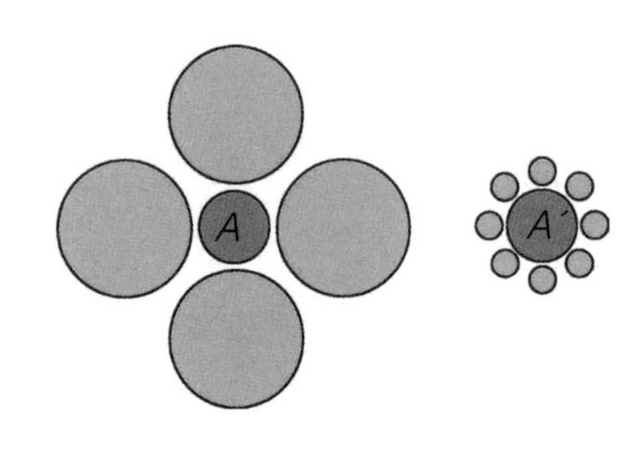

◎ 视错觉示意图

◎ 峨眉山

6. 峨眉宝光

峨眉山是中国四大佛山之一，佛教徒从事佛事活动较多，由于风景秀丽，也是旅游胜地。

在峨眉山，有一个著名的景象是“峨眉宝光”，又称为“金顶祥光”或“峨眉佛光”。这里要说明的是，本书中的“佛光”实际上是指“宝光”。“宝光”是一种大气光象，但由于出现在峨眉山这样的佛教“道场”，故而染上了一些神秘的色彩，便称为“佛光”。

对于峨眉宝光的记述，最为精彩的是南宋诗人范成大于淳熙四年（公元1177年）登峨眉山后，对峨眉胜景写下的观感和游记。

在到达峨眉山后，当地人告诉范成大，通常“佛光”出现于中午前后，当时已到下午四五点了，“佛光”已不可能出现了。可是当他们要回房舍休息时，突然出现很多匆匆而去的行云，刚到岩石处稍留片刻之时，云头便显现出了“大圆光”，形成很多层彩色的晕。人与这些“晕”相对，可以看到其间有一些幻影。只是一碗茶的工夫，“大圆光”就消失了，但在“大圆光”的旁边却出现同样的光，不过也很快就消失了。接着是金光两道，照射在岩石上。此后，天渐渐黑下来。当地人把这种“佛光”称为“小现”。在这个过程结束后，四周就归于一片沉寂了。

第二天，范成大又续昨日之游。当他正在崖殿祈祷之时，“佛光”再次显现，但与昨日不同。只见大雾起来，周围都是白色的雾气。陪同范成大的和尚就说：“银色世界也。”一会儿，大雨如注，大雾就消失了。和尚把这种大雨称为“洗岩雨也”。和尚认为，马上就会有一种更加壮观的“佛光”出现，为区别于前一天的“佛光”，这种“佛光”就称为“大现”。

◎ 范成大

时间不长，云气就布满岩石之下，云气上升至巨大的岩石之上，能有几丈高。在高处往下看时，只见云像白色的平地，不时掉下一些雨点。向下看去，可见到一个“大圆光”。“大圆光”平铺在平平的云上，向外扩散，有三重，在每一重之中都有青黄红绿的颜色。“大圆光”的正中是透明的。但是，每个人从自己所处的位置上看时，所看到的形象是不一样的，就像照镜子时所看到的。人们举手投足都可以映照在对面的“大圆光”之中，且“影皆随形”，但是“不见旁人”。和尚把这种映照出自己的光线称为“摄身光也”。范成大所见到的是所谓的“清现”，极其难得一见。此后，范成大还记述了在山间看到的各种云、光的变化。范成大的描述，对今人的研究仍有很大的参考价值。

对于“佛光”出现的条件，范成大认为，天“必先布云，所谓兜罗绵世界”。“兜罗绵世界”就是云海。由此可见，“佛光”的出现与一定的气候条件有关。

“佛光”并非峨眉山独有的奇景，其他地方也有类似的现象。如四川夹江县的伏龟山，峨眉山西面洪雅县的瓦屋山，以及山东泰山、江西庐山和南京北极阁等地，都有“佛光”之类的大气光象出现。国外也有类似景象，如德国布劳肯山的“布劳肯怪影”就是类似“峨眉宝光”的现象。

7. 海市蜃楼与虹

“海市蜃楼”是一种奇特的自然现象，在中国的古书中有许多记载，并且以山东蓬莱海面上的海市蜃楼最为有名。据说，在西周时期，已有专门负责观测海市蜃楼的官员。这里的海市蜃楼，是指在平静的海面上空偶尔会出现楼台、城郭、树木等幻景。古人不知道形成这种大气光象的原因，就认为是蜃（一种蛟龙）吐气而成的楼台和城郭，因而得名“海市蜃楼”。

苏轼曾写诗《登州海市》，诗云：“东方云海空复空，群山出没月明中。荡摇浮世生万象，岂有贝阙藏珠宫。”大意是说，海市蜃楼是一种幻象，“蜃气”虽然能幻构成宫殿，但不是真实的。

沈括在《梦溪笔谈》中写道，登州（今山东蓬莱市）海中时有云气，像宫室、台观、城堞（dié）、人物、车马、冠盖，历历可见，称为“海市”。有人认为这是蛟龙吐气形成的，其实并非如此。沈括的记载较详细，并且他也不相信海市蜃楼是“蛟蜃之气所为”。

明代的陈霆认为，海水的面积极其广阔，海市蜃楼中的城市人马幻象是太阳光与蒸发起的水汽和大气相作用的结果，只是偶尔才能出现。虽然难以解释，他仍然认为，这只是一种“变幻”而已。陈霆还指出，所谓“海市”必与那几个海岛在大气中的成像有关，张瑶星与陈霆有类似的看法。方以智则进一步引述了张瑶星的说法，认为海面有映射作用。

方以智的学生揭暄为《物理小识》作注时指出，“清明”的气与水一样，具有反射光的作用。揭暄和游艺认为，岸边的水可以映照出人物，水汽上升后，也可以像镜子一样映照人物，海市蜃楼其实是上升的湿气遥遥映射所致。这就是说，水体和水汽都具有反射光的作用。揭暄和游艺利用光学的原理来解释海市蜃楼现象，他们还强调，正是大气的反射作用形成了“蜃景”。

明代的谈迁还对海市蜃楼现象进行了搜集，做了10多条记录，如“海市”“城郭气”“卤城影”“地镜水影”“水晶宫”等条目。除了蓬莱，他还记录了其他的地方，如山东的济南、汶上、东阿、景川和恩县，山西的繁峙，河北的巨鹿，安徽的灵璧和霍邱，浙江的海盐等地的此类现象。

中国人记载沙漠中的蜃景是较少的，唐代名僧玄奘曾在《大唐西域记》中有记载，大意是说，玄奘在沙漠之中只能看到成堆的骨头和马粪，但突然间在黄沙中出现数百队士兵，在沙漠中走走停停。这些士兵离得远时，看得很清楚，在慢慢靠近时形象就逐渐消失了。

◎ 玄奘西行

古代科学家对海市蜃楼现象进行科学解释已是19世纪的事了。1853年，张福僖与英国传教士艾约瑟合译《光论》，较为系统地介绍了西方光学知识，其中就以大量篇幅介绍了海市蜃楼，并用插图加以演示。1876年，赵元益与英国传教士金楷理合译，英国科学家田大里（也译成“丁铎耳”）编辑的《光学》，也简要地介绍了海市蜃楼的现象。

虹作为一种自然现象是很常见的。我国古人很早就注意观察这种大气光象，如记录虹出现的方位和时间，以及虹与太阳的相对位置关系。例如，《诗经》中“朝降于西，崇朝其雨”，意思是早上彩虹出现在西

方，整个早上都在下雨，就是注意到虹与晴雨的关系。

唐代著名学者孔颖达提出了非常科学的说法。他认为从云的缝隙射出的光线照在雨滴上产生了虹。

唐代著名的道士张志和不仅认识到雨滴反射日光，从而形成虹，而且进行了一个著名的演示实验，背着太阳所在的方向向空中喷水，即

◎ 彩虹

可观察到虹霓现象。这是第一次用实验的方法来研究虹。喷出水后，空中有大量的小水滴，太阳光照在这些小水滴上，被分解为绚丽的七色光，这就是光的色散。张志和的实验将虹的研究提高到一个新的水平，并得到比较广泛的普及。据说，就连长安的儿童都能表演“背日喷水成虹”。今天在一些绿地或花坛可以看到喷水的现象，喷出的水雾在阳光照射之下就常常能见到虹。

沈括曾出使北部的契丹，行到辽河附近，当时雨刚刚停下来，天空出现了虹。他发现，自西向东望可以看到，反之则看不到。对于虹的成因，他引用了宋代学者孙彦先的观点：虹是雨中太阳的影子，太阳照射在雨珠上就会出现虹。他的解释比英国科学家罗吉尔·培根的类似见解要早200多年。虹的科学解释是17世纪才提出的，不过，沈括毕竟发现了虹出现的条件，即必须与太阳相对。

关于虹的成因，宋代学者蔡卞指出，日光透过云彩，并照射在雨滴上，就能产生虹。他也仿照张志和，“以水喷日，自侧视之，则晕为虹霓”。对于虹与太阳的位置，他的观点是：朝阳照射时虹在西边，夕阳照射时虹在东边。朱熹的研究更为详细，他明确指出，虹是阳光照射雨气散射形成的。

第四篇

电磁学与热学

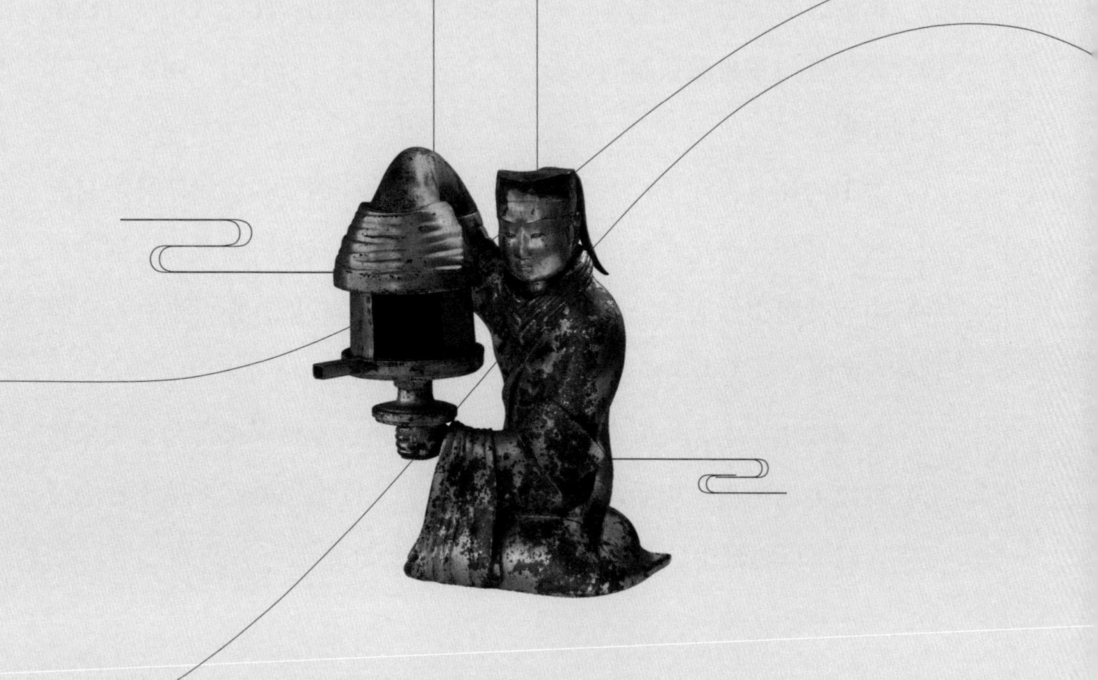

我国古代在磁学方面积累了很多知识，取得了巨大成就。人工磁化方法的采用和地磁偏角的发现都领先于世界其他国家。特别是指南针和罗盘的发明与应用，对航海、测量、军事以及世界经济发展都起过重要作用。我国古人对热现象具有丰富的观察经验，基于日常生活和生产实践的需要，积累了独特的热学知识。我国古代认识到了热胀冷缩现象，很早就出现了对热动力的认识和利用，制造了火箭等器物。此外，我国古人创制了利用热能的各种器具，如孔明灯、走马灯等。

1. 慈爱的石头——磁石

战国时期，“神医”扁鹊曾用包括磁石在内的“五石散”为齐王治病，这种药在魏晋时仍被人们使用。人们还尝试着用磁石治疗多种疾病，这也算是较早在临床上实行的物理疗法了。

据说，秦始皇为防刺客，曾在阿房宫建北阙门。此门是用磁石建造的，如果进门者身藏铁制的兵器，兵器便会被磁石所吸引，刺客也会被识别出来。

类似的还有，在《晋书·马隆传》中记载，西晋武威太守马隆与羌人作战，马隆让士兵在夹道堆累磁石，使身穿铁制铠甲的羌兵受到磁石的吸引而被阻碍。而马隆的士兵披挂犀牛皮做的软甲，在行进时不会受到磁石的吸引。羌人不懂磁学知识，他们以为这是神灵的威力。

在陶瓷生产中，烧制白瓷对瓷胎中的杂质含量要求很苛刻。如果含有铁粉之类的杂质，瓷胎就会发黑。当时，工匠们用磁石在釉水缸中过几下，就可以将缸中含铁的杂质吸住，并带到缸外。

古代最早记载磁石的文献是春秋时期的《管子》，其中写道："上有慈石者，下有铜金。"这里的"慈石"就是磁石。"铜金"应是一种铁矿或与铁矿共生的矿物，利用磁石可以找到矿物的大体位置。这段记载是世界上最早记载磁石的文字之一。对于磁石吸铁性的记载，西方最早出于古希腊学者泰勒斯和苏格拉底等人，但都迟于管子。

成书于战国末年的《吕氏春秋》对磁石的吸铁性也有明确记载，即"慈石召铁，或引之也"，意思是磁石可以吸引铁。稍后成书的《鬼谷子》中也有"慈石之取针"的句子。

古人很早就发现磁石吸引物质只限于铁，这在《淮南子》中有所记述，即磁石只能吸铁，不能吸陶瓦和铜器。

磁石与铁的关系，高诱注释《吕氏春秋》时这样记载，石头是铁的母亲，因为有慈（磁）石，所以能引出它的儿子铁。没有慈（磁）性的石头，就不能吸引住铁。这是把吸铁性称为"慈性"，所以，吸铁的石头就自然被称为"慈爱的石头"。磁石在许多国家的语言中都含有慈爱的意思。

除了磁石的吸铁性之外，磁石与磁石的相互作用也被古人发现了。这种性质被古人用于棋盘上的游戏。刘安和他的门客曾对这种"斗棋"游戏做了记载。他们将鸡血与磁石的粉末混合起来，再把它们涂在棋子上。晒干之后，把这些棋子放置在棋盘上，这些棋子就会相拒不休。古人把这种斗棋的游戏看成"幻术"，认为它很有神秘感，玩起来十分有趣。

司马迁的《史记》中记载了类似的"磁游戏"，如一位方士为汉武帝表演"斗棋"，他可以使棋子"自相触击"。汉武帝玩得高兴，就把这个方士封为"五利将军"。由此可知，西汉时人们对磁石间的相斥性和相吸性已经有所了解。

虽然古人很早就知道了磁石间的相互作用，但指南针为什么可以指南的问题到了明代才有了突破。明代学者方以智不满足于传统的说法，他认为，地球的两极是静止的，赤道是旋转的，因此，磁针就会指南了。他的学生揭暄和他的儿子方中通也有类似的看法。

尽管他们的说法还不算是正确的，但是对磁体的指极性的认识是明确的。不过，方以智等人的看法也可能受到了西方传教士的影响。

指南鱼是古代一种辨别方向的仪器。北宋的曾公亮在《武经总要》中记载了一种获得指南鱼的方法，匠人借助人工磁化的方法得到指南鱼，并且是加热再蘸水得到的。具体地说，人们在制作指南鱼时，先把铁片剪成鱼形，放入火中烧红后，用铁钳夹住指南鱼的头部，从火中夹出，让鱼头指南，鱼尾指北，放入水中，再夹出来。书中提醒工匠注意，要使鱼尾向北下倾几分，会使它更接近地磁场的方向，使磁化的强度能加强些。

其实，磁的指极性是有偏差的。北宋的沈括也试图对磁性指向器进行改进，并引入了（磁）针形指向器——指南针。在研究针的磁化时，他记下了一种简便的磁化的方法，“以磁石磨针锋”即可。在研究磁针的指向精度时，沈括通过仔细观察发现了磁偏现象，即磁针可以指向南方，然而常常略微偏东，不是指向正南方。这的确是一个重要的发现。

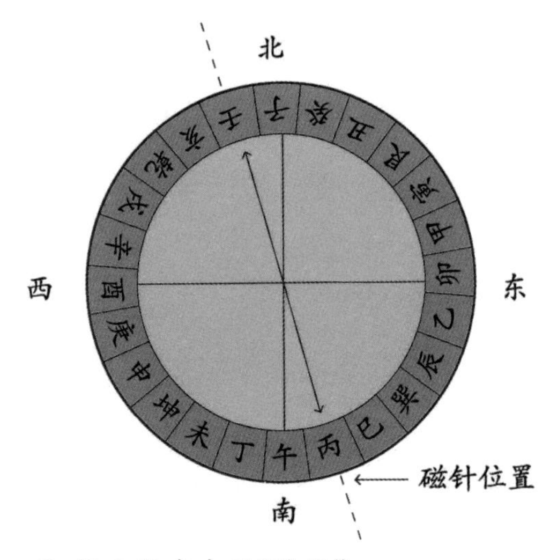

◎ 指南针盘中的“缝针”

不过，在沈括之前，

北宋杨惟德已有类似的“磁化”记载。这实际上是因为地磁南北极与地理南北极之间存在偏差，或地磁子午线与地理子午线之间存在夹角。当时人们对磁化的原理尚不能解释清楚，且各地的磁偏现象并非都是“微偏东”的。

古人使用罗盘时要处理这种偏差，并有类似的记载。南宋的曾三异曾指出，在磁针恰好指示的是正南北时，用子午“正针”是可以的。而当时的古人认为，在我国东部的“偏僻”地区，用磁针指示方向就要参考使用丙壬“缝针”。正针是通过测日影得到的地理南北极，缝针是指南针所示的南北方位，缝针用于对正针进行校正。

2. 从司南到指南针

我国古人除了对磁石的吸铁性、指极性以及磁偏现象有所认识之外，还将指极性应用在方向的确定和辨别上。

◎ 司南

在先秦典籍《鬼谷子》中有记载，郑国人去采玉，必定带上司南，以确保不迷失方向。可见，司南的作用是为了辨别方向。

最早提到司南的是大思想家韩非子，他认为，“司南”是一种指示方向的装置。

关于司南的样式，东汉王充给予了较为明确的说明，即司南的形状是勺形，使用时放在一种地盘上，待司南稳定之后，它的长柄指向的是南方。

值得注意的是，“地盘”上是有刻度的。这些刻度用8个天干、12个地支和4个卦名表示，即甲、乙、丙、丁、庚、辛、壬（rén）、癸（guǐ），子、丑、寅、卯、辰、巳（sì）、午、未、申、酉（yǒu）、戌、亥（hài），以及乾、坤、巽（xùn）、艮（gèn），能表示24个方位。也就是说，把一个圆周等分为24份，相当于标出了24个刻度，这样的司南也被称为“二十四式”。将司南投于地盘中央时，它的柄部就会大体停止在指南的方位上。

司南勺底与地盘的摩擦，使司南指向的精度受到较大的影响，因此，推广使用起来就受到较大的限制。人们为改进司南的指向精度而创制了新的指南仪器——指南鱼。

北宋时，曾公亮记载了当时人们辨别方向的方法，即在雾天或天黑时，可以让“老马前行，令识道路。或出指南车及指南鱼，以辨方向”。可以看出，用指南鱼辨别方向是一种重要的方法。

在制作指南鱼时，工匠把薄铁片剪成长二寸（宋代1寸=3.12厘米）、宽五分（宋代1分=0.312厘米）的鱼形，鱼的肚皮部分凹下去，使鱼像船一样能浮在水面上。为了减小摩擦，使用指南鱼时要将其放在水面上，并且还要避免风的干扰。将指南鱼平放入不受风影响的水碗后，受地磁场影响，鱼头指向南方，鱼尾指向北方。

值得指出的是，指南鱼同司南比起来，指向精度有所提高，由于是借助人工磁化方法磁化，制作这种指向仪器也更容易一些。但由于它的磁性较弱，使用价值要打些折扣。

对指南针的改进，北宋沈括的贡献是很大的。特别是对于指南针的制造，他总结出4种不同的方法。

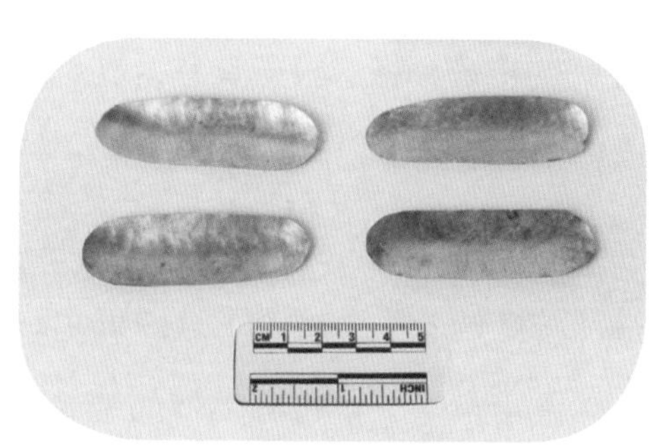

◎ 现代学者复制的指南鱼

第一种是水浮法，把磁针横穿在灯芯草上，而后放在水面上。这种方法的缺点是，指南针“多摇荡”而不稳定。

第二种和第三种方法是把磁针分别放在指甲和碗唇（即碗边）上。它们的优点是运转灵活，但缺点也很明显，指南针的指向非常不稳定且容易坠落。

第四种方法是用悬丝系住

◎ 指南车模型

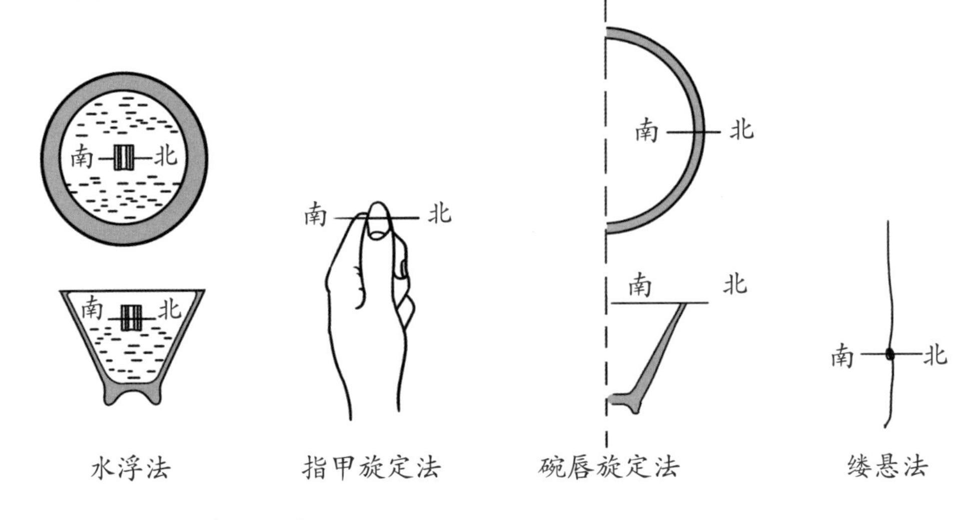

◎ 沈括记载的指南针用法

磁针来定向。它避免了以上的缺点，而且运转也很灵活，但是要选好悬丝。沈括指出，要从新产的丝绵中取出单根茧丝。这是因为这种蚕丝的纤维组织的弹性及韧性都很强且均匀，不易扭转。同时用芥菜种子大小的一点儿蜡，将这根茧丝黏合在针腰上，这就不会产生扭转，从而使指南针不因受到干扰而转动不止。

沈括在利用缕悬法进行测试时，发现磁针所指并不是正南方向，其南端“常微偏东”，记录了地磁偏角现象。1116年，北宋的寇宗奭（shì）在《本草衍义》中也有类似的记录，并且寇宗奭的记录更有实践意义，不但给出了指南针的两种装置方法：缕悬法和水浮法，而且指出了指南针偏向的物理现象。寇宗奭在偏角的度数方面，虽然描述得更具体，但装置和沈括的相比，改进不大。

1959年，在辽宁旅顺甘井子出土了一只元代的白釉褐花碗，碗高7.5厘米，口径约17.8厘米，碗内底部有一类似“水浮”的指南针的图形，在碗底部有墨书的“鍼”（即“针”的繁写体）字。这正是“水浮法”指南针所用的碗。

南宋的文献中还记载了两种形制的磁性指南器。一种称为指南鱼，把木头刻成鱼形，只有拇指大小。在鱼的腹部开一个小口，在其中放置一块长条形小磁石，并用蜡将它填满。再用一根针从鱼的口中钩进，把这个鱼形的指南器放入水中，用手拨转，待静止时就能指示方向了。

另一种称为指南龟。用木头刻一个乌龟，把长条形磁石埋入乌龟的腹中，从尾部敲针进去。再用一块小板子，在板子上安上竹钉子，在乌龟的腹部下面挖出一个小坑，而后把乌龟安装在竹钉子上。使用时拨转乌龟，待静止时就能指示方向了。

由于指南鱼能漂浮在水面上，就称为“水针”，明清航海时仍使用这种称为“水针”的指南针。指南龟支撑在一个竹钉子上，就称为“干针”或“旱针”。

罗盘是磁针与有分度的“地盘”组合起来的装置。“水针”和“干针”都可以看成罗盘的前身。“水针”和“干针”对应着“水罗盘”和“干罗盘”（或称为“旱罗盘”）。“旱罗盘”有支钉的限制，这可以克服“水罗盘”飘忽不定的缺点。正如巩珍于明代宣德九年（公元1434年）所指出，在制作的木（地）盘上刻写表示方位的字，把磁针浮在水面上，按照磁针的指向来找准航向，使船走在正确的航向上。这也是关于航海罗盘结构的最早描述。

“地盘”产生于汉代，磁针与“地盘”的结合可能是在宋代，当时的人称之为“地螺”，其实就是罗盘。“地螺”有子午正针，在子午与丙壬之间有缝针。这里的“螺”为“罗”字的假借。“地罗”源于古代的“地盘”，因此，也称为“地罗经”或“罗经盘”，简称为“罗经”或“罗盘”。最初

◎ 指南龟

的航海罗盘还用以前的（地盘的）二十四式。清康熙年间，发展出三十二式（或称为三十二向）。在原有的二十四式基础上加4个卦位，即坎、离、兑、震，以及4个字，即元、亨、利、贞。

◎ 手持罗盘的“张仙人”陶俑

最早的“旱罗盘”（即“旱针”或“干针”）发明于南宋。1985年，在江西临川朱济南墓出土了一个陶俑。这个陶俑高22.2厘米，并手持一只（旱）罗盘。在陶俑的底部墨书“张仙人”3个字，因此，这个陶俑被称为“张仙人”俑。考古专家推测，这个陶俑塑造的是一个风水先生的形象，或许，墓主人朱济南就是一个风水先生。“张仙人”俑为旱针出现的年代提供了有力的证据。

尽管中国的旱针是明朝嘉靖年间（公元1522年—1566年）从国外传入的，但是，可能早在12世纪—13世纪，中国的指南针就传入阿拉伯地区，进而又传到了欧洲。由于航海业的发展，欧洲人大大改进了指南针，使旱针的技术臻于成熟，并使它得到迅速的普及。可见，指南针为航海业的发展创造了条件，这为资本主义的发展带来了繁荣，为世界文明的发展做出了贡献。

随着近代航海业的发展，蒸汽机被搬上了舰船，大炮的发射会产生巨大震动，这都大大影响了罗盘的指向精度。为此，人们又开始采用水针装置。这种装置是将磁针连同示盘放在一个盛酒精的容器内，而后将这个容器安装在常平支架上。因此，现代罗盘是集中了水罗盘和旱罗盘两者特点而制成的装置，体现着中外匠人的共同智慧。

◎ 武当金顶

3. 金顶奇观

武当山位于湖北十堰市的丹江口附近，其主峰是天柱峰。在它的峰顶上有一座“金殿”——铜殿，殿内供奉着真武大帝。因为这座铜殿，天柱峰的山顶就被称为“金顶”。自古以来，围绕这座“金殿”就有很多传说，如“祖师出汗”“海马吐雾”“雷火炼殿”等，使金顶充满了神秘的色彩。其实，透过现象看本质，这些奇景背后，蕴含着古人的高超铸造工艺和将科技、艺术、道家思想完美结合的智慧。

所谓“祖师”就是铜殿内供奉的“玄天金像”，即道教信奉的真武大帝的铜像。在天降大雨之前，由于殿内的湿度太大，真武神像就会像人一样，“汗流浃背”。这就是“祖师出汗”的现象。

所谓“海马”就是大殿屋顶上的海马铸像。当海马口中呼呼地吐着白雾时，即“海马吐雾”，道士们就会认为，这预示着天帝将要派遣雷公电母和风伯雨师来金顶“洗炼”这座大殿。这时，在峰顶上的道士们就要撤到南天门。时间不长，便见大雨倾盆，雷电交加，还可见到巨大的火球在大殿周围滚动着，摄人心魄。这就是所谓“雷火炼殿”的壮观景象。当雨过天晴，远望大殿，可以看到大殿金光闪闪，灿烂辉煌，就像刚刚被“洗”过一样。

众所周知，在下雨之前，大殿内的空气中水蒸气含量较高。当大气压发生突变时，过多的水蒸气就会遇冷而凝结为小水珠。它们布满物体的表面，当铜像表面的小水珠过多地聚集起来，就像“祖师”出了很多的汗一样。因此，就形成了“祖师出汗”的奇观。

本来在海拔1612米高的山顶上，风是比较大的，水珠很快就会蒸发。但是，由于大殿的各个铸件被铆合得十分严密，大殿内通风很差，尽管大殿外面大风呼啸，而大殿内的灯火苗却丝毫不摇；冬天下大雪，雪花飘到门口又被顶出来。

大殿顶上的“海马”铸像象征“天马行空”之意。这个海马的内部是空的，并与大殿内部连通。雷雨来临之前，天气极其闷热，冷暖气流回旋剧烈。当日光照射在大殿表面时，殿内的水汽受热膨胀，便从海马口中吐出；水汽在室外遇到较冷的空气，就会形成水雾，看上去就像海马在“吐雾”一样。有时，室外的气流与海马喷出的气雾互相摩擦，还会产生“咴、咴……”的啸叫声。

而所谓的“雷火炼殿”，是由于武当山重峦叠嶂的地势所致。这样的地形造成气候多变，风向也不断变化。风还使云层之间不断产生摩擦而带上大量的电荷。这种带有大量电荷的积雨云运动到金顶时，云层与大殿之间便形成巨大的电势差。巨大的电势差使空气电离，并形成巨大的电弧，这就是闪电。强大的电弧使周围的空气剧烈膨胀而爆炸，产生巨大的声响，这就是雷鸣。空气的膨胀又使电弧的形状发生变形，使人们看到巨大的球形电弧——火球。空气剧烈的膨胀和电弧使大殿的表面氧化层被剥离，这就是所谓的“炼殿”。因此，雨过天晴，大殿就变得金光灿灿了。

其实，这种“炼殿”现象并不可怕。由于大殿整体为铜铸就，它的12根铜柱与花岗岩融为一体，具有很好的静电屏蔽保护作用。因此，在放电时，人在大殿之内也没有危险。

4. 取火的技术与泡茶的学问

◎ 元谋人取火

远古人使用和掌握火的历史可以追溯到170万年以前，因为在“元谋人”活动的遗址（位于云南省元谋县上那蚌村西北）中发现有炭屑和烧骨；生活在50多万年前的“北京人”的山洞（位于北京市房山区周口店镇龙骨山）中也发现有几米厚的灰烬层。远古人已可用火来照明、烤肉和驱吓猛兽，甚至可用于治疗关节疼之类的疾病。

根据东北鄂伦春族的祖先们的传说，最初，人们对火十分恐惧，不敢也不会用火，后来经过极其困难而又曲折的过程才发现，野火可以烧烤兽肉。此后又经过很长的时间才学会保存火种，更晚些人们才掌握了（人工）取火的方法。这些传说基本反映了人类用火和取火的大致进程。

人类最早盛物的器皿是用树皮和兽皮制作或竹编、藤编的简单容器。若对外表敷一层泥的篮筐加热，这些泥被火烧硬，便成了一个陶制的器皿。最早的陶器发现于江西万年县仙人洞遗址、河北武安市磁山遗址和河南新郑市裴李岗遗址，距今已有8000多年了。20世纪中叶，云南佤族的制陶方法仍非常原始，烧制时的温度可达800℃，估计它们的烧制水平与远古先民的水平差不多。在西安半坡遗址出土的5000多年前的6座陶窑，其烧制水平已较高了，温度有1000℃左右。

除了烧制陶器之外，远古的先民开始使用天然铜，进而又开始冶炼铜。距今4000年前的河北唐山市大城遗址出土的红铜器，反映出当时的冶铜生产已达到一定的技术水平。另外，烧制石灰用作建筑材料也要使用火和掌握火的温度。

正是在烧制陶器、冶炼和制作建筑材料中有效地利用火的技术，促进了古代文明的不断发展。

对于火的制取，在长期的探索过程中，古代人逐渐发明了一些有效的方法。其实，《韩非子》中就已有“钻燧（suì）取火，以化腥臊”的记载，意思是用钻木取火的方法，得到的火可加工鱼肉和其他肉类食物，可以去掉“腥臊”异味。

在海南乐东黎族自治县三平村和广东番阳发现黎族百姓曾使用过的钻木取火工具。这种取火用具是用当地的一种山麻木制成的。取火时，先将山麻木条弄扁平，在这个扁平的长条上刻出一个浅浅的凹穴，凹穴旁边刻一条浅浅的缺槽。取火时要先把这个木条放在平地上，折一根山麻木细枝，两脚压住这个刻有凹穴和缺槽的麻木条。把山麻木条插入凹穴，并且用手掌来回用力搓动小棍。在摩擦的作用下，凹穴里逐渐磨脱出一些碎屑，并且从缺槽落下。由于连续摩擦作用，凹穴会因热而生出一些火花，火花又燃着缺槽边上的木屑。当木屑有烟升起时，马上把这些燃着的木屑放入干草里并且顺口一吹，干草就被引燃了。

世界上有许多部落都采用此法来取火。除了用“钻木法”取火，云南的佤族人还用一种“摩擦法”，苦聪人用“锯木法”，景颇族人和傣族人用“压击法”取火。这些方法也都需要一定的技巧。

“压击法”的取火装置是一个牛角加上一个带柄的活塞。这样的结构就像家庭用的手（压）动喷雾器。事先把一些易燃物（如絮状物）放入牛角之内，再把活塞插入牛角之中，迅速地把活塞向下压。由于牛角内空气体积迅速地减小，牛角内的温度会迅速地上升。在达到易燃物的自燃温度后，易燃絮状物就会燃烧起来。在使用这种方法时，需要注意牛角与活塞之间不要有缝隙，即不要漏气。

“压击法”取火的器具和方法还传到了欧洲。在传播和利用“压击法”取火的过程中，欧洲人对取火装置进行了改进。他们把牛角换成了玻璃筒，这使得装置的密闭性更好，并且还能看到玻璃筒内的易燃物是否燃烧起来。据说，柴油机的发明者就是受到“压击法”取火装置的启发，产生了发明的灵感。

◎ 铜阳燧

利用“阳燧”取火是人工取火技术的一个重大进步。“阳燧”是青铜器家族中的一员，它的出现大大提高了人工取火的技术。利用阳燧取火，最早记载于《周礼》中。考古人员在陕西周原发现了一件西周时期的铜器。经周原博物馆人员复制后进行了模拟实验，他们发现，它在阳光下仅两三秒就可以引燃纸条或棉絮。因此可以断定，此铜器就是阳燧。

春秋战国时期，人们发明了一种用火镰石敲击出火花取火的方法。《淮南万毕术》还有利用冰透镜取火的记载，将冰块制成凸透镜，透镜会把太阳光集中在焦点上，所以当把易燃的艾绒（艾绒是艾草的叶子经过晒干、粉碎，筛除杂质之后得到的软细如棉的物品）放在焦点上时，艾绒会随着温度的升高而燃烧。

传说，中国人的远祖神农氏发现了茶的药用价值——消解某些食物中的毒性成分。此后，人们便用茶叶来治疗一些疾病，并逐渐形成了饮茶的习惯，甚至还形成了一种饮茶的程式。

除了茶叶种植、采集、加工的知识被积累下来之外，在经过长时间摸索和实践之后，古人对茶叶的煎煮或沏泡也都非常讲究。而热学中的重要物理现象——沸腾，就是古人在泡茶过程中发现并记载下来的。

古人饮茶是很讲究水的，并且还很讲究烹煮。烹煮过程要经历所谓的“三沸”。唐朝的陆羽在《茶经》中说：“其沸，如鱼目（指沸腾时水中的气泡像鱼的眼睛），微有声，为一沸；缘边如涌泉连珠，为二沸；腾波鼓浪，为三沸。”可见，陆羽对煎煮茶汤的要求是多么细微！明代屠隆对沸腾时的现象也做了类似的记述。他认为，始如鱼目微微有声，为一沸；缘边泉涌连珠，为二沸；奔涛溅沫，为三沸。今人估计，这三沸的温度范围是：“一沸”为75℃—80℃，“二沸”为85℃—90℃，“三沸”为100℃。

宋代书法家蔡襄对泡茶时煮水的过程做了详细的描述。在水未沸腾时，因为无气泡产生，称为“盲眼”；水刚开时，水中气泡像“蟹眼”那么大；水温再高些，气泡像“鱼眼”那么大；最后达到水泡滚动跳跃起来的程度。蔡襄还在《试茶》诗里说：“兔毫紫瓯（ōu）新，蟹眼青泉煮。”“蟹眼”之说由此形成。这里的“兔毫紫瓯”是一种瓷器，用作茶具。蟹眼的形态是小而细，突而圆，鱼目则大而粗，扁而平。苏轼曾写诗叙述煮水泡茶的情况，他写道：“蟹眼已过鱼眼生，飕飕欲作松风鸣。”这里的“松风鸣”是沸水发出的响声。

在明代小说《警世通言》中有一个故事，作者冯梦龙写道：宋朝宰相王安石见到苏东坡带来的水很兴奋，他命人将水加热，又取来一个珍贵的瓷碗，并放入一小撮名叫阳羡茶的名茶。直到将水加热到出现“蟹眼”，急忙倒入放好茶叶的碗中。过了“半晌”才见到茶色。可见，王安石泡茶非常讲究，并且遵从煮出“蟹眼”之水才泡茶的习俗。

5. 古代的节能减排产品——夹灯盏

近年来，全球性能源紧张已成为国际社会普遍关注的重大问题，节能减排也是一个全球人民共同关注的话题。其实，在中国古代，节能减排就已受到重视。中国古人依靠聪明才智，创造出许多节能减排的“高科技”产品，很多奇思妙想让现代人都自叹不如。夹灯盏和伊阳古瓶就是杰出的代表。

中国古代流行一种能“省油”的灯具。由于灯火可以照明，也可以加热灯油，因此油温一旦升到较高时就会使灯油蒸发过快，造成灯油浪费。“省油灯”的碗壁实际上有一个夹层，可在夹层中注入清凉水，清凉水有吸热作用，并使油温上升减慢，进而使灯油的蒸发减慢，可达到节省灯油的效果。

南宋大诗人陆游在《老学庵笔记》中曾提到一种“夹灯盏”。之所以叫“夹灯盏”，是因为这种灯具采用了一种夹层结构。在灯碗的一端有一个小口，可注清冷水于其中，每天晚上换一次。陆游记载的“夹灯盏”，夹层中盛有冷水，冷水可抑制油温的上升，灯油不会因火焰的灼烧而蒸发过快，因此可达到“省油几半”的程度。可见，“夹灯盏”就是“省油灯”。

◎ 宋代省油灯

为防止热的损失，古人还使用了保温装置，最有名的要算是“伊阳古瓶”。

南宋洪迈在《夷坚志》中记载了这样一个故事：有一个名叫张虞卿的人，

居住在伊阳县（河南省汝阳县的旧称）一个小镇上。他偶然得到一个黑色的古瓶，非常喜欢，就放在书房内，并用来养花。有一年冬天，天气极寒冷，这一晚，他忘了将瓶中的水倒出，估摸着瓶子一定被冻裂了。但次日早晨一看，房间内盛水的器具中的水都冻住了，唯独这个瓶子中的水未冻。他觉得很奇怪，便尝试着灌入热水，发现瓶中水终日不冷。后来，张虞卿去郊游时常常带着这个瓶子，瓶中的热水可以保温很长时间。可惜，好景不长，他的一个仆人酒醉后将瓶子摔破了。这时，张虞卿仔细看瓶子的结构，发现与寻常的陶器没有什么区别，只是底部有一个夹层，厚约2寸（约6厘米）。但是没有人能看出，瓶子是何时之物。

根据洪迈的记载，这个被称为“伊阳古瓶”的陶瓶是南宋时出土的文物。它能够保温，作者已知并说明其保温的结构是“夹层底”，正是它阻止了热传递。这差不多可以看作是最早的暖瓶（保温瓶）了。

明代方以智也注意到热传递的问题。他指出，用厚棉絮盖裹物体（特别是冰）来保温，这是一种较为有效且简便的办法。过去卖冰棍的人就是利用这种方法保持冰棍箱的温度。今天，冰箱走进了寻常百姓家，人们很少使用这种旧的保温方法和装置了。

◎ 孔明灯

6. 对热能的利用——孔明灯和走马灯

西汉刘安主持编纂的《淮南万毕术》中涉及一些热学的研究和关于热空气利用的设想，书中提到刘安曾设计出一个类似热气球的装置。

刘安设计的装置很简单，先把一个鸡蛋去掉蛋清和蛋黄，得到一个空鸡蛋壳，点艾绒燃烧，并将其置于蛋壳中，可加热空鸡蛋壳内的气体。根据热气上升的原理，这个鸡蛋壳会飞起来。

这个鸡蛋壳可视为历史上最早的“热气球”了。

刘安研发的装置是有些影响的，在五代（公元907年—960年）时出现了一种“信号灯”——“松脂灯”，与刘安的“热气球”装置原理相同。传说，“松脂灯”是由五代时一名叫莘（shēn）七娘的妇人所造。她用竹子扎成一个骨架，并在外表面糊纸，制成一个灯笼。在下面点燃松脂，借助热空气的升力，使灯笼升起，飞上天空。“松脂灯”被用于军事联络。

传说，孔明灯是三国时的诸葛亮（字孔明）发明的，它与“松脂灯”升空的原理类似。三国时期，蜀国常与魏国交战。一次战争中，蜀国军师诸葛亮被魏国军师司马懿围困于平阳（在今湖北郧西县西北），已无法派人去搬救兵。诸葛亮想制作一些能飘浮的纸灯笼，帮助大军脱险。他命人拿来白纸，糊成许多灯笼，算准风向，再利用热空气向上的升力带着灯笼升空。营内的士兵看到灯笼后高呼：“诸葛先生坐着天灯突围啦！”司马懿也迷惑了，带兵向天灯的方向追赶。这一计谋竟使蜀军脱险，于是后世就称这种灯笼为孔明灯。也有人说，孔明灯的外形像诸葛亮戴的帽子，故有此名。

今天，一些地区在节日仍然保留着放孔明灯的习俗。但是，孔明灯是明火燃放，有火灾隐患，甚至会威胁到民航、高铁、森林的安全，很多地方已经明令禁止放孔明灯。

走马灯的故乡在中国。走马灯常见于除夕、元宵、中秋等中国传统节日。走马灯还被赋予“时来运转”“马到成功”“走马上任”等吉祥寓意，这也使走马灯更加受到欢迎。

传说，北宋政治家、文学家、“唐宋八大家”之一的王安石，曾经无意之中得到一副对联，上联是“走马灯，灯走马，灯熄马停步”；下联是“飞虎旗，旗飞虎，旗卷虎藏身”。王安石用上联应对主考官，在科举考试中金榜题名；他用下联来应对马家为小姐择婿而出的对联，从而喜结良缘。可

◎ 走马灯

见，在北宋时，走马灯在民间已是一种寻常之物了。

相比松脂灯和孔明灯，走马灯对热能的利用更加巧妙。在走马灯的灯罩内点上蜡烛，蜡烛燃烧产生光和热，使空气上升，形成热气流，可以使灯内轮轴转动。轮轴上有剪纸，烛光把剪纸影子投射在屏上，图画就可以不断转动。因为以前走马灯上大多绘制武将骑马的图画，所以走马灯转动的时候，就好像几个骑马的武将你追我赶一样，也因此取名走马灯。

和普通灯笼一样，走马灯也可以用来照明。但是，普通灯笼中的热能都白白流失了，而走马灯却有效利用了这部分热能。

蜡烛燃烧为走马灯提供了能量。当然，只有蜡烛燃烧，人马才能走。一旦蜡烛熄灭，就没有了能量来源，人马就停下来了。

走马灯具体的发明时间和发明人，现在还不清楚。据《西京杂记》中的记载，刘邦占领咸阳宫后，在仓库中发现了大量的珍宝，其中有一盏青玉五枝灯，造型奇异，令人惊叹。这盏灯被衔在一条龙的口中，灯点燃后，加热空气，热气流会推动涡轮装置，带动龙身上的鳞甲转动。由此可见秦朝时制作的走马灯工艺之巧。

◎ 走马灯示意图

南宋文人的诗词中多次提到走马灯。南宋范成大写下诗句“映光鱼隐现，转影骑纵横”；南宋文学家和音乐家姜夔（kuí）在《感赋诗》中写有“纷纷铁马小回旋，幻出曹公大战年”；南宋词人和文学家周密在《武林旧事》中也记载了走马灯“若沙戏影灯，马骑人物，旋转如飞”。

1634年，英国学者约翰·巴特在《自然和艺术的奥秘》一书中就对中国的走马灯有过描述。英国皇家学会副会长卡彭特认为，1836年，法拉第发明走马灯，其实应该是成功仿制走马灯。走马灯利用热气流产生机械运动，可以说是现代热机（涡轮机）的雏形。此前荷兰物理学家惠更斯设计了最初的以火药为燃料的内燃机，工业革命以后，燃气轮机及衍生而出的涡轮喷气式发动机，大量用于工业生产，为人类社会做出巨大的贡献。

7. 注重环境保护的古代名灯

灯字在古代也写作“镫”“锭”“豆”，都是谐音或假借字。灯在材质上除了铜制的，还有铁制或陶制的。

汉代的灯具有很大的发展，不仅品质优异、造型多样，而且工艺精巧，蕴含着丰富的科学理念。其中最有代表性的有错银铜牛灯、凤凰形铜灯和长信宫灯。

1980年，在扬州邗（hán）江的甘泉汉墓中出土了一具错银铜牛灯。它高46厘米，长38厘米，比例适当。器物的下部塑造成黄牛的形象。这个牛的形象是站立的，两个牛角上翘着，憨态可掬。牛身中空，可以盛水。牛背中心安装着圆筒形的灯座。灯座下盘有一手柄，可调节灯罩方向，在灯罩的表面有菱形格子状的镂空和小环，上有穹顶形盖。在牛头上有一个圆管状的烟道，呈半圆与顶盖连接，并可转动。

◎ 错银铜牛灯（南京博物院提供）

在使用这个“牛灯”时，点燃灯座内的燃料之后，可通过下盘的手柄转动灯罩，进而调节光亮，并调整射出光线的方向。燃料燃烧产生的烟炱（tái，煤烟团）则可从顶盖经过烟道而进入牛腹中，从而保持了室内的清洁。“牛灯”设

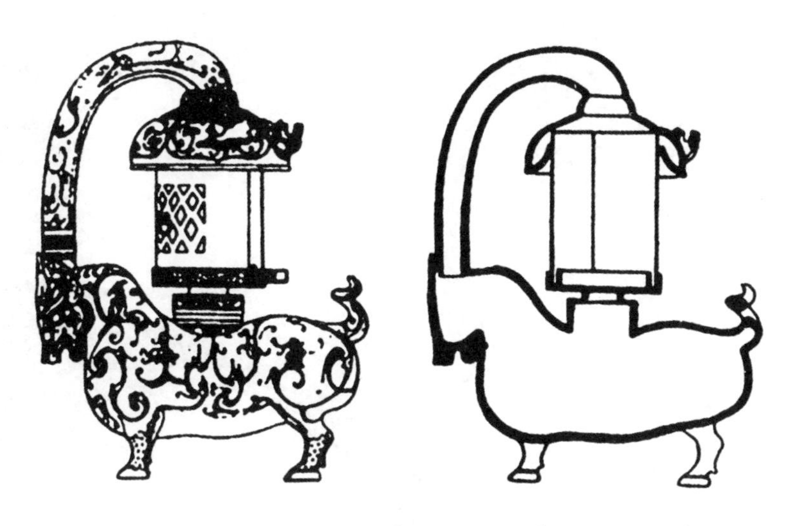

◎ 东汉错银铜牛灯错银纹饰及结构图

计的巧妙还表现在牛身、灯座和顶盖均可以分拆下来，这有利于清除牛腹内和烟道中的烟炱。该灯加上了错银的饰片，显得更加精美，是一件不可多得的工艺精品。

在广西壮族自治区合浦的牛岭，考古人员曾经发现了一座西汉晚期的墓葬，其中出土了一对凤凰形的灯具。

这具凤凰形铜灯呈站立的凤凰形，高33厘米，长42厘米，造型非常别致。凤凰的尾羽比较宽，并且是垂地的，凤凰头呈回望状。由于双足和尾羽着地，所以很稳。凤凰头部像一朝下的喇叭，正对的下部有一个小孔，在小孔上放置灯盘。凤头的颈部当中有两条套管，可以弯转和拆卸。腹部是中空的，可注入清水。灯盘中的燃料点燃后，烟炱经过灯罩进入颈部的管子中，再转入腹腔，落入水中。这种技术措施可以防止烟灰飘散在室内。

其实，在西汉时期，凤凰文化非常流行，人们把凤凰视为一种“祥瑞”的象征，在民间不断有人发现凤凰，并报告朝廷。这种“祥瑞”不但满足了朝廷对保持天下太平的渴望，也表明百姓渴望吏治清明和安居乐业的社会环境。对“祥瑞”的渴望甚至影响到皇帝年号的改变，如西汉昭帝有“元凤”的年号，汉宣帝也有“五凤”的年号。

◎ 凤凰形铜灯

长信宫是中山靖王刘胜的祖母、汉景帝时的皇太后窦氏的居住地。1968年，长信宫灯于河北省满城县西南约1.5千米的山崖上，即中山靖王刘胜妻窦绾（wǎn）墓中出土。

“长信宫灯”刻有9处铭文，共65字，分别记载了该灯容量、重量及所属者。从造型设计和铸造水平上看，长信宫灯都应该是我国古代灯具史上的一大杰出成就。

当时照明使用油脂，油脂燃烧时，会产生一些未完全燃烧的炭粒和灰烬，造成烟雾，污染环境。为了避免污染，“取光藏烟”，汉代工匠们发明了长信宫灯。

那么，长信宫灯“取光藏烟”的秘密是什么呢？

原来，铜制宫女的体内是中空的，其右臂与衣袖形成铜灯的灯罩，可以自由开合。点灯后，宫女的右臂相当于吸收烟炱的虹管，燃烧产生的烟炱经底层水盘过滤后便沉积于宫女体内，不会大量散逸到周围环境当中，可以保持室内清洁。导烟管可分为两半，便于拆卸清洗烟垢，组装方便。

◎ 长信宫灯（河北博物院提供）

长信宫灯的这种“取光藏烟”的技术，体现了我国古代人民的环保理念，被誉为“中华第一灯”。美国前国务卿基辛格来华访问时曾参观过长信宫灯，并感慨道：“2000多年前中国人就懂得了环保，真了不起。”

长信宫灯作为国家一级文物，是汉代青铜灯具的典型代表，充分体现了中国古人的智慧，曾多次赴国外展出，成为传播中华文明的使者。1973年11月20日，中华人民共和国邮电部发行过一枚“长信宫灯”邮票。

这3件灯具除了体现出古人精湛的铸造技术和优美的造型设计，还体现了中国古人的美好愿望。古人将环保理念和审美理念完美统一起来，在科学和艺术层面都是很先进的。

附　　录

名词解释

- **力**：物体与物体之间的相互作用，是使物体获得加速度或发生形变的外因。力不是使物体产生运动的原因，也不是维持物体运动的原因。
- **重心**：物体内各点所受的重力产生合力，这个合力的作用点叫作物体的重心。质量均匀分布的物体，重心的位置只与物体的形状有关。有规则形状的物体，它的重心就在几何中心上。质量分布不均匀的物体，重心的位置除与物体的形状有关外，还与物体内质量的分布有关。
- **浓度**：一定量溶液中所含溶质的量，通常用所含溶质质量占全部溶液质量的百分比来表示。比如，葡萄糖注射液中的葡萄糖是溶质，30%的葡萄糖注射液就是指100克注射液中含葡萄糖30克。
- **液体表面张力**：液体表面各部分间相互作用的力。在这个力的作用下，液体表面有收缩到最小的趋势。正是因为液体表面张力的存在，有些小昆虫才能在水面上自如行走。
- **潮汐**：通常指由于月球和太阳的引力而产生的海平面水位定期涨落现象。
- **相对运动**：一物体相对另一物体的位置随时间而改变，则此物体相对另一物体发生了运动，此物体处于相对运动的状态。
- **声波**：通常指能引起听觉的机械波。频率为20—20000赫兹，一般在空气中传播，也可以在液体或固体中传播。

- **共振**：两个振动频率相同或相近的物体，一个发生振动时，引起另一个物体振动。
- **共鸣**：物体因共振而发声，例如两个频率相同的音叉靠近，其中一个振动发声时，另一个也会发声。
- **音阶**：以一定的调式为标准，按音高次序向上或向下排列成的一组音。
- **海市蜃楼**：大气中由于光线的折射而形成的一种自然现象。当空气各层的密度有较大的差异时，远处的光线通过密度不同的空气层发生折射或全反射，这时可以看见在空中或地面以下有远处物体的影像。这种现象多于夏天出现在沿海一带或沙漠中。
- **光的反射**：光线从一种介质到达另一种介质的界面时返回原介质。
- **光的色散**：复色光被分解成单色光而形成光谱的现象。
- **指极性**：磁铁在地球磁场中受磁力作用，可以指示南北，具有南北指极性。
- **磁偏现象**：地磁极接近南极和北极，但并不和南极、北极重合。沈括在《梦溪笔谈》中记载与验证了磁针“常微偏东，不全南也”的磁偏现象。
- **沸腾**：当液体达到一定温度时急剧转化为气体，产生大量气泡的现象。
- **热能**：物质燃烧或物体内部分子不规则地运动时释放出的能量，通常也指热量。

中国古代科技发明创造大事记

工具的发明与力的知识

约170万年前

云南元谋人打制石器和用火的遗迹

约50万年前

北京人可以保存火种，打制石器的技术已较为成熟

约10万年前

山西许家窑人将流星索（或绊兽索）用于狩猎

约2.8万年前

山西峙峪人遗址出土物品中有箭镞

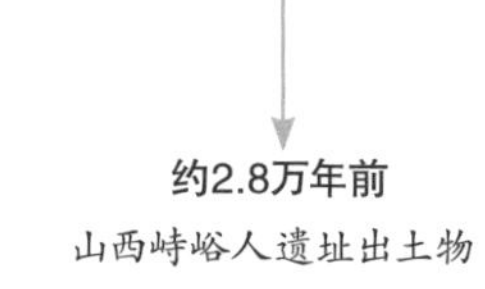

约7000年前

浙江余姚河姆渡遗址出现耒耜（古代一种像犁的农具）

约6000年前

陕西半坡遗址发现尖底瓶

约5000年前

甘肃东乡出土青铜刀

公元前22世纪

大禹利用疏导法治水成功

公元前19世纪

《竹书纪年》中记载了泰山于公元前1831年发生的地震

公元前16世纪

伊尹发明桔槔（古代的一种汲水工具）

公元前5世纪

墨家的力学研究成果

公元前5世纪

墨子和公输班进行了飞行器的试验

公元前5世纪下半叶

《考工记》记述了大量的实用力学知识

公元前4世纪

安徽寿县的楚墓中发现两件铜衡

公元前221年

秦朝统一度量衡

公元前2世纪

刘安和司马迁都注意到测量湿度的问题

公元前1世纪

丁缓发明被中香炉（常平支架）

2世纪

郑玄记载了关于弹性形变的知识

东汉时期

在《尚书纬·考灵曜》中有关于运动相对性问题的记载

4世纪

葛洪提出“飞车”（螺旋桨）的设想

1066年

僧人怀丙利用浮舟起重的原理从河中打捞铁牛

11世纪

姚宽记述了测盐水浓度的方法

竹丝
莲子
盐卤
竹管

11世纪

曾公亮记述了大型虹吸装置

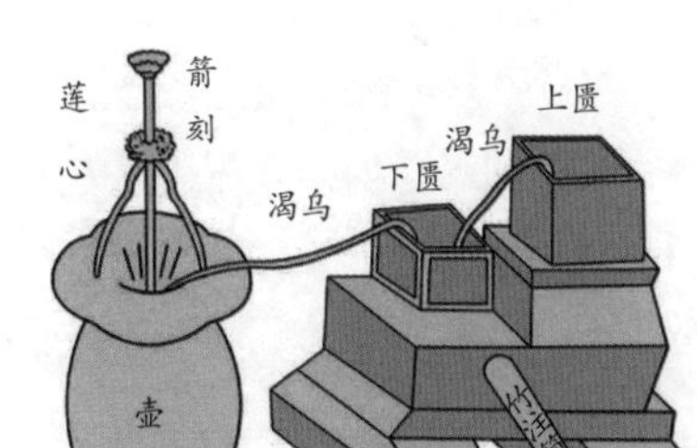

14世纪—15世纪

万户进行飞行器的试验

声　　学

约8000年前

河南舞阳贾湖出土骨笛

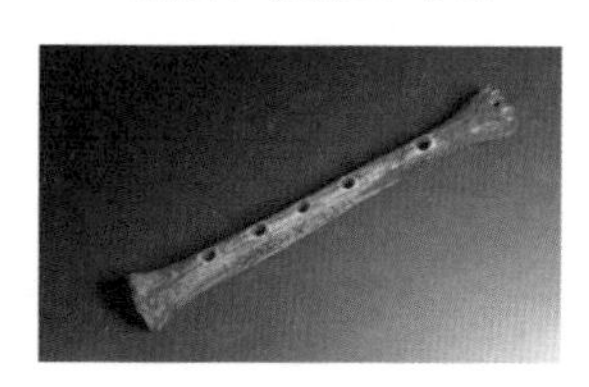

约6000年前

陕西半坡遗址发现陶埙（一种吹奏乐器）

约4000年前

山西夏县和襄汾陶寺出土石磬（一种古代打击乐器）

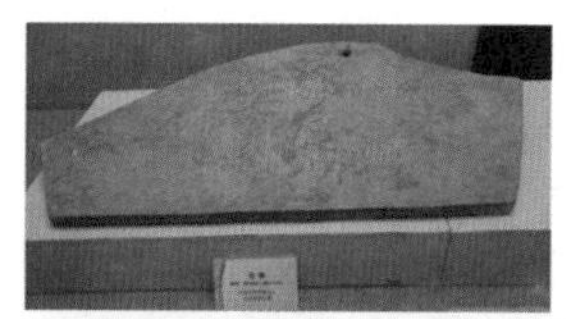

公元前12世纪—公元前11世纪

商代已铸成编钟（3件一套）

公元前7世纪

管仲记述了“三分损益法”

公元前522年

伶州鸠向周景王讲述了十二律和五音

十二律的“隔八相生”

公元前5世纪

墨家的声技术研究成果

公元前5世纪

曾侯乙的65件编钟（总重约2.5吨），跨音程5个八度

15世纪初

北京天坛建成的回音壁和圜丘，具有回声效应

3世纪

张华提出消除共振的方法

公元前4世纪

庄子记载了弦共振实验

1世纪

王充提出声波的观点

1087年

沈括进行弦共振实验

17世纪

方以智记述用空瓮砌墙的隔音技术

公元前2世纪

《吕氏春秋》中详细记载了十二律的数学计算结果

3世纪

荀勖提出“管口校正”的方法

17世纪

宋应星系统地阐述声音的物理性质

1166年

王明清记述鱼洗的喷水现象

7世纪

李筌发展了地听技术

附录

光　　学

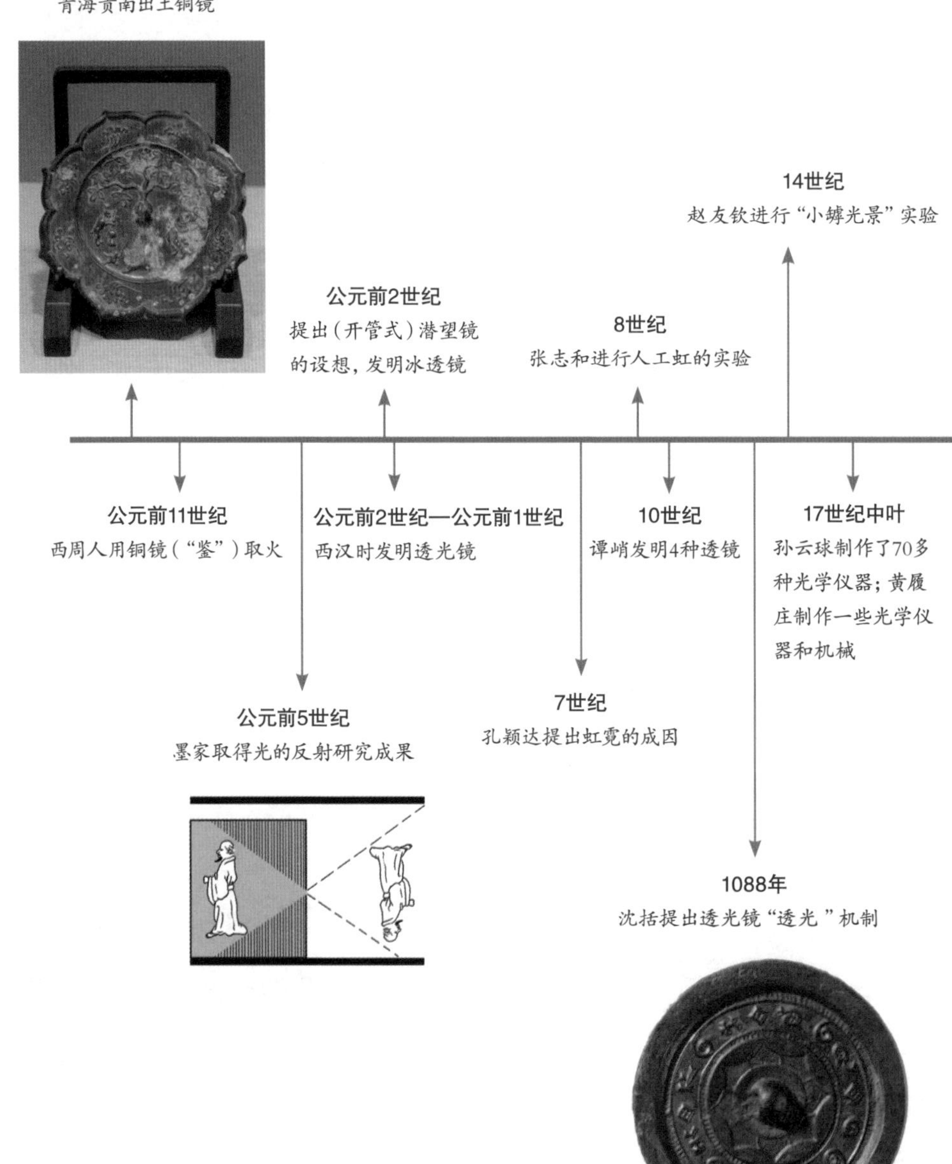
约4000年前
青海贵南出土铜镜
公元前11世纪
西周人用铜镜（“鉴”）取火
公元前5世纪
墨家取得光的反射研究成果
公元前2世纪
提出（开管式）潜望镜的设想，发明冰透镜
公元前2世纪—公元前1世纪
西汉时发明透光镜
7世纪
孔颖达提出虹霓的成因
8世纪
张志和进行人工虹的实验
10世纪
谭峭发明4种透镜
1088年
沈括提出透光镜“透光”机制
14世纪
赵友钦进行“小罅光景”实验
17世纪中叶
孙云球制作了70多种光学仪器；黄履庄制作一些光学仪器和机械

电磁学和热学

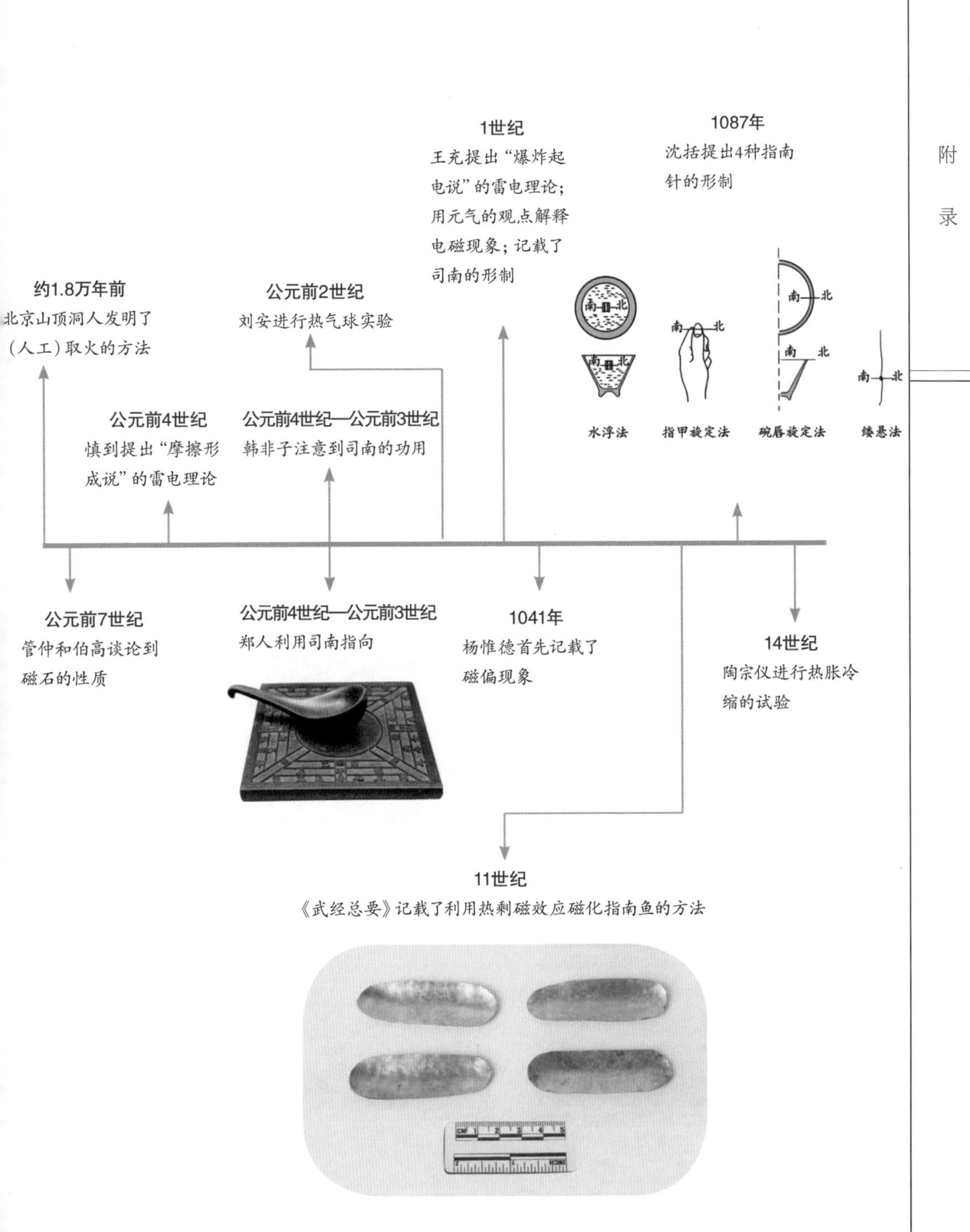
约1.8万年前
北京山顶洞人发明了（人工）取火的方法
公元前7世纪
管仲和伯高谈论到磁石的性质
公元前4世纪
慎到提出“摩擦形成说”的雷电理论
公元前4世纪—公元前3世纪
韩非子注意到司南的功用
公元前4世纪—公元前3世纪
郑人利用司南指向
公元前2世纪
刘安进行热气球实验
1世纪
王充提出“爆炸起电说”的雷电理论；用元气的观点解释电磁现象；记载了司南的形制
1041年
杨惟德首先记载了磁偏现象
11世纪
《武经总要》记载了利用热剩磁效应磁化指南鱼的方法
1087年
沈括提出4种指南针的形制
南
北
水浮法
指甲旋定法
碗唇旋定法
缕悬法
14世纪
陶宗仪进行热胀冷缩的试验